ADOBE AFTER EFFECTS CC

标准培训教材

ACAA教育发展计划ADOBE标准培训教材

Adobe

ACAA教育

主编 ACAA专家委员会 DDC 传媒
编著 刘强 张天骐

人民邮电出版社
北京

图书在版编目（CIP）数据

ADOBE AFTER EFFECTS CC标准培训教材 / ACAA专家
委员会DDC传媒主编；刘强，张天骐编著. -- 北京：人
民邮电出版社，2015.1（2019.1重印）
ISBN 978-7-115-37467-7

Ⅰ. ①A… Ⅱ. ①A… ②刘… ③张… Ⅲ. ①图象处理
软件－技术培训－教材 Ⅳ. ①TP391.41

中国版本图书馆CIP数据核字(2014)第266721号

内 容 提 要

为了让读者系统、快速地掌握 Adobe After Effects CC 软件，本书内容编排从数字视频基础知识讲起，再到 After Effects 视频创作基本流程，逐步步入创作丰富的动态影像世界。书中主要内容包括数字影视基础知识，项目与合成，导入与组织素材，创建二维、三维合成，动画关键帧动，遮罩与抠像，创作文本动画，应用各种效果，运动追踪与稳定的基本知识，强大的表达式动画创作，以及最后的渲染和各种媒体格式的导出等。

本书由行业资深人士、Adobe 专家委员会成员以及参与 Adobe 中国数字艺术教育发展计划命题的专业人员编写。全书语言通俗易懂，内容由浅入深、循序渐进，并配以大量的图示，特别适合初学者学习，同时对有一定基础的读者也大有裨益。

本书对参加 Adobe 及 ACAA 认证考试的考生具有指导意义，同时也可以作为高等学校美术专业计算机辅助设计课程的教材。另外，本书也非常适合其他各类培训班及广大自学人员参考阅读。

◆ 主　编　ACAA 专家委员会　　DDC 传媒
　　编　著　刘　强　张天骐
　　责任编辑　赵　轩
　　责任印制　张佳莹　　彭志环
◆ 人民邮电出版社出版发行　　北京市丰台区成寿寺路 11 号
　　邮编　100164　电子邮件　315@ptpress.com.cn
　　网址　http://www.ptpress.com.cn
　北京九州迅驰传媒文化有限公司印刷
◆ 开本：800×1000　1/16
　　印张：24.5
　　字数：576 千字　　　　　　　2015 年 1 月第 1 版
　　印数：7 301－7 600 册　　　　2019 年 1 月北京第 9 次印刷

定价：45.00 元
读者服务热线：(010)81055410　印装质量热线：(010)81055316
反盗版热线：(010)81055315

前　言

秋天，藕菱飘香，稻菽低垂。往往与收获和喜悦联系在一起。

秋天，天高云淡，望断南飞雁。往往与爽朗和未来的展望联系在一起。

秋天，还是一个登高望远、鹰击长空的季节。

心绪从大自然的悠然清爽转回到现实中，在现代科技造就的世界不断同质化的趋势中，创意已经成为 21 世纪最为价值连城的商品。谈到创意，不能不提到国际创意技术的先行者——Apple 和 Adobe，以及三维动画和工业设计的巨擘——Autodesk。

1993 年 8 月，Apple 带来了令国人惊讶的 Macintosh 电脑和 Adobe Photoshop 等优秀设计出版软件，带给人们几分秋天高爽清新的气息和斑斓的色彩。在铅与火、光与电的革命之后，一场彩色桌面出版和平面设计革命在中国悄然兴起。抑或可以冒昧地把那时标记为以现代数字技术为代表的中国创意文化产业发展版图上的一个重要的原点。

1998 年 5 月 4 日，Adobe 在中国设立了代表处。多年来在 Adobe 北京代表处的默默耕耘下，Adobe 在中国的用户群不断成长，Adobe 的品牌影响逐渐深入到每一个设计师的心田，它在中国幸运地拥有了一片沃土。

我们有幸在那样的启蒙年代融入到中国创意设计和职业培训的涓涓细流中……

1996 年金秋，万华创力 / 奥华创新教育团队从北京一个叫朗秋园的地方一路走来，从秋到春，从冬到夏，弹指间见证了中国创意设计和职业教育的蓬勃发展与盎然生机。

伴随着图形、色彩、像素……我们把一代一代最新的图形图像技术和产品通过职业培训和教材的形式不断介绍到国内，从 1995 年国内第一本自主编著出版的《Adobe Illustrator 5.5 实用指南》，第一套包括 Mac OS 操作系统、Photoshop 图像处理、Illustrator 图形处理、PageMaker 桌面出版和扫描与色彩管理的全系列的"苹果电脑设计经典"教材，到目前主流的"Adobe 标准培训教材"系列、"Adobe 认证考试指南"系列等。

十几年来，我们从稚嫩到成熟，从学习到创新，编辑出版了上百种专业数字艺术设计类教材，影响了整整一代学生和设计师的学习和职业生活。

2000 年元月，一个值得纪念的日子，我们作为唯一一家"Adobe 中国授权考试管理中心（ACECMC）"与 Adobe 公司正式签署战略合作协议，共同参与策划了"Adobe 中国教育认证计划"。那时，中国的职业培训市场刚刚起步，方兴未艾。从此，创意产业相关的教育培训与认证成为我们 21 世纪发展的主旋律。

2001 年 7 月，万华创力 / 奥华创新旗下的 DDC 传媒——一个设计师入行和设计师交流的网络社区诞生了。它是一个以网络互动为核心的综合创意交流平台，涵盖了平面设计交流、CG 创作互动、主题设计赛事等众多领域，当时还主要承担了 Adobe 中国教育认证计划和中国商业插画师（ACAA 中国数字艺术教育联盟计划的前身）培训认证在国内的推广工作，以及 Adobe 中国教育认证计划教材的策划及编写工作。

2001 年 11 月，第一套"Adobe 中国教育认证计划标准培训教材"（即本教材系列）首次亮相面世，成为市场上最为成功的数字艺术教材系列之一，也标志着我们从此与人民邮电出版社在数字艺术专业教材方向上建立了战略合作关系。在教育计划和图书市场的双重推动下，Adobe 标准培训教材长盛不衰。尤其是近几年，教育计划相关的创新教材产品不断涌现，无论是数量还是品质上都更上一层楼。

2005 年，我们联合 Adobe 等国际权威数字工具厂商，与中央美院等中国顶尖美术艺术院校创立了"ACAA 中国数字艺术教育联盟"，旨在共同探索中国数字艺术教育改革发展的道路和方向，共同推动中国数字艺术产业的发展和应用水平的提高。是年秋，ACAA 教育框架下的第一个数字艺术设计职业教育项目在中央美术学院城市设计学院诞生。首届 ACAA-CAFA 数字艺术设计进修班的 37 名来自全国各地的学生成为第一批"吃螃蟹"的人。从学院放眼望去，远处规模宏大的北京新国际展览中心正在破土动工，躁动和希望漫步在田野上。数百名 ACAA 进修生毕业，迈进职业设计师的人生道路。

2005 年 4 月，Adobe 公司斥资 34 亿美元收购 Macromedia 公司，一举改变了世界数字创意技术市场的格局，使得网络设计和动态媒体设计领域最主流的产品 Dreamweaver 和 Flash 成为 Adobe 市场战略规划中的重要的棋子，进一步奠定了 Adobe 的市场统治地位。次年，Adobe 与前 Macromedia 在中国的教育培训和认证体系顺利地完成了重组和整合。前 Macromedia 主流产品的加入，使我们可以提供更加全面、完整的数字艺术专业培养和认证方案，为职业技术院校提供更好的支持和服务。全新的 Adobe 中国教育认证计划更加具有活力。

2008 年 11 月，万华创力公司正式成为 Autodesk 公司的中国授权培训管理中心，承担起 ATC (Autodesk Authorized Training Center) 项目在中国推广和发展的重任。ACAA 教育职业培训认证方向成功地从平面、网络创意，发展到三维影视动画、三维建筑、工业设计等广阔天地。

从 1995 年开始，以史蒂夫·乔布斯为，领导的皮克斯动画工作室（Pixar Animation Studios）制作出世界上第一部全电脑制作的 3D 动画片《玩具总动员》，并以 1.92 亿美元票房刷新动画电影纪录。自此，3D 动画风起云涌，短短十余年迅速取代传统的二维动画制作方式和流程。更有 2009 年詹姆斯·卡梅隆 3D 立体电影《阿凡达》制作完成，这使得 3D 技术产生历史性的突破。卡梅隆预言的 2009 年为"3D 电影元年"已然成真——3D 立体电影开始大行其道。

无论是传媒娱乐领域所推崇的三维动画和影视特效技术、建筑设计领域所热衷的建筑信息模型（BIM）技术，还是工业制造业所瞩目的数字样机解决方案，三维和仿真技术正走向成熟并成为重要的行业标准。Autodesk 在中国掀起又一轮数字技术热潮。

ACAA 正是在这样的时代浪潮下，把握教育发展脉搏、紧跟行业发展形势，与 Autodesk 联手，并肩飞跃。

2009 年 11 月，Autodesk 与中华人民共和国教育部签署《支持中国工程技术教育创新的合作备忘录》，进一步提升中国工程技术领域教学和师资水平，免费为中国数千所院校提供 Autodesk 最新软件、最新解决方案和培训。在未来 10 年中，中国将有 3000 万的学生与全球的专业人士一样使用最先进的 Autodesk 正版设计软件，促进新一代设计创新人才成长，推动中国设计和创新领域的快速发展。

2010 年秋，ACAA 教育向核心职业教育合作伙伴全面开放 ACAA 综合网络教学服务平台，全方位地支持老师和教学机构开展 Adobe、Autodesk、Corel 等创意软件工具的教学工作，服务于广大学生以便更好地学习和掌握这些主流的创意设计工具，包括网络教学课件、专家专题讲座、在线答疑、案例解析和素材下载等。

2012 年 4 月，为完成文化部关于印发《文化部"十二五"时期文化产业倍增计划》的通知中文化创意产业人才培养和艺术职业教育的重要课题，中国艺术职业教育学会与 ACAA 中国数字艺术教育联盟签署合作备忘，启动了《数字艺术创意产业人才专业培训与评测计划》，并在北京举行签约仪式和媒体发布会。ACAA 教育强化了与创意产业的充分结合。

2012 年 8 月和 10 月，ACAA 作为 Autodesk ATC 中国授权管理中心，分别与中国职业技术教育学会和中国建筑教育协会签署合作协议，深化职业院校的职业教育合作，并为合作院校的专业软件教学提供更多支持与服务。ACAA 教育强化了与职业教育的充分结合。

2013 年，ACAA 全面升级"中国高校（含职业院校）数字化教育改革和创新教学发展计划"，提出了以"行业标准教学"和"国际标准考试"合二为一的"教考一体化"支持方案和"国际认证考试项目"合作方案。该方案向院校提供从教学到考试的全方位支持工作。

今天，ACAA 教育脚踏实地、继往开来，积跬步以至千里，不断实践与顶尖国际厂商、优秀教育机构、专业行业组织的强强联合，为中国创意职业教育行业提供更为卓越的教育认证服务平台。

ACAA 中国教育发展计划

ACAA 数字艺术教育发展计划面向国内职业教育和行业培训领域，以国际数字技术标准与国内行业实际需求相结合的核心教育理念，以"双师型"的职业设计师和技术专家为主流教师团队，为职业教育市场提供业界领先的 ACAA 数字艺术教育解决方案，提供以富媒体网络技术实现的先进的网络课程资源、教学管理平台以及满足各阶段教学需求的完善而丰富的系列教材。ACAA 数字艺术教育是一个覆盖整个创意文化产业核心需求的职业设计师入行教育和人才培养计划。

ACAA 数字艺术教育发展计划秉承数字技术与艺术设计相结合、国际厂商与国内院校相结合、学院教育与职业实践相结合的教育理念，倡导具有创造性设计思维的教育主张与潜心务实的职业主张。跟踪世界先进的设计理念和数字技术，引入国际、国内优质的教育资源，构建一个技能教育与素质教育相结合、学历教育与职业培训相结合、院校教育与终身教育相结合的开放式职业教育服务平台。为广大学子营造一个轻松学习、自由沟通和严谨治学的现代职业教育环境。为社会打造具有创造性思维的、专业实用的复合型设计人才。

ACAA 中国高校（含职业教育）数字化教育改革和创新教学发展计划介绍：

为实现教育部"十二五"职业教育若干意见与 ACAA 创新教学支持计划的结合，促进院校专业软件课程和设计类课程内容的行业化接轨和与国际化升级，加快中国高校特别是职业教育的数字化教学改革步伐，支持院校创新教学进一步开展，ACAA 教育创立该支持计划，为院校提供"教考一体化"等一揽子支持方案，提供国际厂商资源和行业教学支持以及权威考试平台的考试定制服务，梳理学生知识结构，客观表现学生真实水平，促进学生迅速胜任工作岗位。

ACAA"教考一体化"教育服务与支持的内容包括：

• 教学大纲 & 考试大纲 & 教学讲义

• 标准教材 & 远程课程 & 教辅资料

• 在线考试平台使用 & 专业考试定制 & 结业考核方案

• 职业资格认证

• 教师培训 & 专业研讨 & 学术交流

院校与 ACAA 建立合作关系即可开展上述工作，教育部备案的正规院校、民办院校均有资格加入 ACAA 教育计划。

【申请流程】申请机构提交申请 → ACAA 审核通过 → 签署合作协议 → 办法授权牌建立授权关系。

职业认证体系

ACAA 职业技能认证项目基于国际主流数字创意设计平台，强调专业艺术设计能力培养与数字工具技能培养并重，专业认证与专业教学紧密相联，为院校和学生提供完整的数字技能和设计水平评测基准。

专业方向（高级行业认证）	ACAA 中国数字艺术设计师认证
视觉传达 / 平面设计专业方向	平面设计师
	电子出版师
动态媒体 / 网页设计专业方向	网页设计师
	动漫设计师
三维动画 / 影视后期专业方向	视频编辑师
	三维动画师
动漫设计 / 商业插画专业方向	动漫设计师
	商业插画师
	原画设计师
室内设计 / 商业展示专业方向	室内设计师
	商业展示设计师

与单纯的软件技术考试相比，ACAA 认证已经具有了更多的优势 —— 单纯的软件操作能力早已不是就业法宝，只有专业技能和创作能力达到高度统一，才能胜任相关岗位。ACAA 设计师资格认证，标志着不但娴熟地掌握了数字工具技能，并也标志这已具备实现艺术创作和完成工作任务的能力。

目前，一些创意企业已经开始根据 ACAA 设计师考试标准对招聘和在岗人员进行考核。因此，达到 ACAA 标准将会增加迅速入职和职位提升的机会。

标准培训教材系列

ACAA 教育是国内最早从事数字艺术专业软件教材和图书撰写、编辑、出版的公司之一，在过去十几年的 Adobe/Autodesk 等数字创意软件标准培训教材编著出版工作中，始终坚持以严谨务实的态度开发高水平、高品质的专业培训教材。已出版了包括标准培训教材、认证考试指南、案例风暴和课堂系列在内的众多教学丛书，成为 Adobe 中国教育认证计划、Autodesk ATC 授权培训中心项目及 ACAA 教育发展计划的重要组成部分，为全国各地职业教育和培训的开展提供了强大的支持，深受合作院校师生的欢迎。

"ACAA Adobe 标准培训教材"系列适用于各个层次的学生和设计师学习需求，是掌握 Adobe 相关软件技术最标准规范、实用可靠的教材。"标准培训教材"系列迄今已历经多次重大版本升级，例如 Photoshop6.0C、7.0C 到 Photoshop CS1 ～ CS6 再到 CC 等版本。多年来的精雕细琢，使教材内容越发成熟完善。系列教材包括（但不限于）：

— 《ADOBE PHOTOSHOP CC 标准培训教材》

— 《ADOBE ILLUSTRATOR CC 标准培训教材》

— 《ADOBE INDESIGN CC 标准培训教材》

— 《ADOBE AFTER EFFECTS CC 标准培训教材》

— 《ADOBE PREMIERE PRO CC 标准培训教材》

— 《ADOBE DREAMWEAVER CC 标准培训教材》

— 《ADOBE FLASH PROFESSIONAL CC 标准培训教材》

— 《ADOBE AUDITION CC 标准培训教材》

关于我们

ACAA 教育是国内最早从事职业培训和国际厂商认证项目的机构之一，致力于职业培训认证事业发展已有十六年以上的历史。并已经与国内超过 300 多家教育院校和培训机构，以及多家国家行业学会或协会建立了教育认证合作关系。

ACAA 教育旨在成为国际厂商和国内院校之间的桥梁和纽带，不断引进和整合国际最先进的技术产品和培训认证项目，服务于国内教育院校和培训机构。

ACAA 教育主张国际厂商与国内院校相结合、创新技术与学科教育相结合、职业认证与学历教育相结合、远程教育与面授教学相结合的核心教育理念；不断实践开放教育、终身教育的职业教育终极目标，推动中国职业教育与培训事业蓬勃发展。

ACAA 中国创新教育发展计划涵盖了以国际尖端技术为核心的职业教育专业解决方案、国际厂商与顶尖院校的测评与认证体系，并构建完善的 ACAA eLearning 远程教育资源及网络实训与就业服务平台。

北京万华创力数码科技开发有限公司

北京奥华创新信息咨询服务有限公司

地址：北京市朝阳区东四环北路 6 号 2 区 1-3-601

邮编：100016

电话：010-51303090-93

网站：http://www.acaa.cn, http//www.ddc.com.cn

（2014 年 3 月 3 日修订）

目　　录

4 创建二维合成

5 创建三维合成

6 动画与关键帧

11 表达式

12 渲染与导出

数字影视合成基础与
After Effects 概述

学习要点：

- 掌握数字合成的基本概念，了解其原理和实际应用领域的相关知识
- 了解 After Effects 的发展历史和 After Effects CC 的新增功能
- 了解 After Effects CC 的工作流程
- 使用帮助及各种形式的共享资源

1.1 数字影视合成基础与应用

从动画诞生的那一刻起，人们就不断探求一种能够存储、表现和传播动态画面信息的方式。在经历了电影和模拟信号电视之后，数字影视技术迅速发展起来，伴随着不断扩展的应用领域，其技术手段也不断成熟。

数字视频技术发展至今，不仅给广播电视带来了技术革新，而且已经渗透到各种新型的媒体中，成为媒体时代不可或缺的要素。无论是在高清电视、Internet 或 3G 手机网络中，都可以看到视频技术的应用。

1.1.1 数字合成概述

数字合成技术是指通过计算机，将多种源素材混合成单一复合画面的处理过程。通过遮罩、蒙版、抠像、追踪和各种效果等手段，结合层的叠加，最终完成所需的动态合成画面（见图 1-1-1）。

要对多层图像创建合成，其中的一个或多个图像必须包含透明信息，透明信息存储在其 Alpha 通道中。Alpha 通道是和 R、G、B 三条通道并行的一条独立的 8 位或 16 位的通道，它决定素材片段的透明区域和透明程度（见图 1-1-2）。

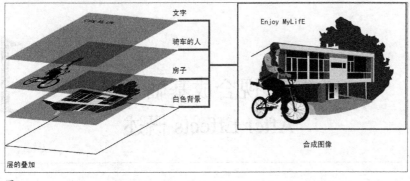

图 1-1-1

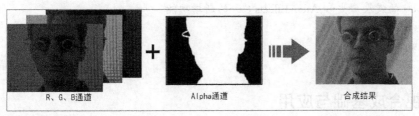

图 1-1-2

1.1.2 模拟信号与数字信号

　　以音频信号为例，模拟信号是由连续的、不断变化的波形组成的，信号的数值在一定范围内变化（见图 1-1-3），主要通过空气、电缆等介质进行传输。与之不同的是，数字信号以间隔的、精确的点的形式传播（见图 1-1-4），点的数值信息是由二进制信息描述的（见图 1-1-5）。

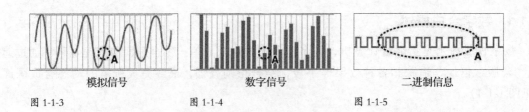

模拟信号　　　　　　　　　　数字信号　　　　　　　　　　二进制信息

图 1-1-3　　　　　　　　　　图 1-1-4　　　　　　　　　　图 1-1-5

　　数字信号相对于模拟信号有很多优势，最重要的一点在于数字信号在传输过程中有很高的保真度；模拟信号在传输过程中，每复制或传输一次都会衰减，而且会混入噪波，信号的保真度会大大降低（见图 1-1-6）。而数字信号可以很轻易地区分原始信号和混入的噪波并加以校正（见图 1-1-7），所以数字信号可以满足人们对于信号传输的更高要求，将电视信号的传输提升到一个新的层次。

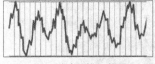

图 1-1-6　混入噪波的模拟信号

图 1-1-7　混入噪波的数字（二进制）信号

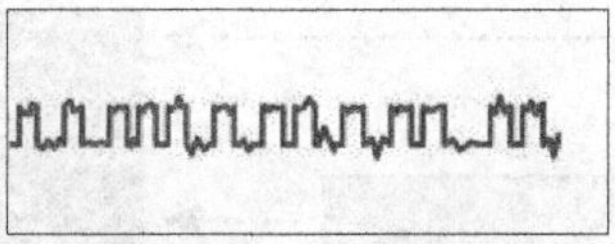

目前，视频正经历着由模拟时代向数字时代的全面转变，这种转变发生在不同的领域。在广播电视领域，高清数字电视正在取代传统的模拟电视，越来越多的家庭可以收看到数字有线电视或数字卫星节目；电视节目的编辑方式也由传统的模拟（磁带到磁带）编辑发展成为数字非线性编辑（NLE）系统。在家庭娱乐方面，DVD 已经成为人们在家观赏高品质影像节目和数字电影的主要方式；而 DV 摄像机的普及也使得非线性编辑（NLE）技术从专业电视机构深入到民间，人们可以很轻易地制作数字视频影像。数字视频已经融入人们的生活。

1.1.3　帧速率和场

当一系列连续的图片映入眼帘的时候，由于视觉暂留的作用，人们会错觉地认为图片中的静态元素动了起来。而当图片显示得足够快的时候，人们便不能分辨每幅静止的图片，取而代之的是平滑的动画。动画是电影和视频的基础，每秒显示的图片数量称为帧速率，单位是帧 / 秒（fps）。大约 10 帧 / 秒的帧速率可以产生平滑连贯的动画，如果低于这个速率，动画则会产生跳动。

传统电影的帧速率为 24 帧 / 秒，在美国和其他使用 NTSC 制式作为标准的国家，视频的帧速率大约为 30 帧 / 秒（29.97 帧 / 秒），而在使用 PAL 制式或 SECAM 制式为标准的、部分欧洲地区 / 亚洲地区和非洲地区，其视频的帧速率为 25 帧 / 秒。

在标准的电视机中，电子束在整个荧屏的内部进行扫描。扫描总是从图像的左上角开始，水平向前行进，同时扫描点也以较慢的速率向下移动。当扫描点到达图像右侧边缘时，扫描点快速返回左侧，重新开始在第 1 行的起点下面进行第 2 行扫描，行与行之间的返回过程称为水平消隐。一幅完整的图像扫描信号由水平消隐间隔分开的行信号序列构成，称为一帧。扫描点扫描完一帧后，要从图像的右下角返回到图像的左下角，开始新一帧的扫描，这一时间间隔叫做垂直消隐。

大部分的广播视频采用两个交换显示的垂直扫描场构成每一帧画面，这叫做交错扫描场。交错视频的帧由两个场构成，其中一个扫描帧的全部奇数场，称为奇场或上场；另一个扫描帧的全部偶数场，称为偶场或下场。场以水平分隔线的方式隔行保存帧的内容，在显示时首先显示第一个场的交错间隔内容，然后再显示第二个场来填充第一个场留下的缝隙（见图 1-1-8）。每一帧包含两个场，场速率是帧速率的二倍。这种扫描方式称为隔行扫描。与之相对应的是逐行扫描，每一帧画面由一个非交错的垂直扫描场完成。计算机操作系统就是以非交错形式显示视频的。

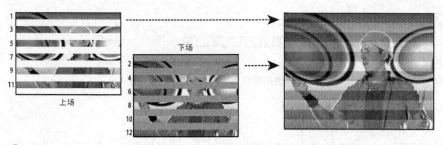

图 1-1-8

电影胶片类似于非交错视频，每次显示整个帧。通过设备和软件，可以使用 3-2 或 2-3 下拉法在 24 帧 / 秒的电影和约为 30 帧 / 秒（29.97 帧 / 秒）的 NTSC 制式的视频之间进行转换。这种方法是将电影的第 1 帧复制到视频第 1 帧的场 1 和场 2，将电影的第 2 帧复制到视频第 2 帧的场 1、场 2 和第 3 帧的场 1，将电影的第 3 帧复制到视频第 3 帧的场 2 和第 4 帧的场 1，将电影的第 4 帧复制到视频第 4 帧的场 2 和第 5 帧的场 1、场 2（见图 1-1-9）。这种方法可以将 4 个电影帧转换为 5 个视频帧，重复这一过程，可完成 24 帧 / 秒到 30 帧 / 秒的转换。使用这种方法还可以将 24p 的视频转换成 30p 或 60i 的格式。

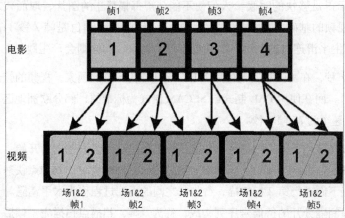

图 1-1-9

1.1.4　分辨率和像素宽高比

电影和视频的影像质量不仅取决于帧速率，每一帧的信息量也是一个重要因素，即图像的分辨率。较高的分辨率可以获得较好的影像质量。

传统模拟视频的分辨率表现为每幅图像中水平扫描线的数量，即电子束穿越荧屏的次数，称为垂直分辨率。NTSC 制式采用每帧 525 行扫描，每场包含 262 条扫描线；而 PAL 制式采用每帧 625 行扫描，每场包含 312 条扫描线。

水平分辨率是每行扫描线中所包含的像素数，它取决于录像设备、播放设备和显示设备。比如，老式 VHS 格式的录像带的水平分辨率只有大约 250 线，而 DVD 的水平分辨率大约为 500 线。

帧宽高比也就是影片画面的宽高比，常见的电视格式为标准的 4:3（见图 1-1-10）和宽屏的 16:9（见图 1-1-11），一些电影具有更宽的比例。

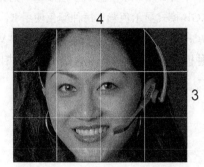

图 1-1-10

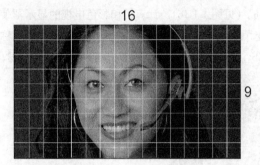

图 1-1-11

像素宽高比是影片画面中每个像素的宽高比，各种格式使用不同的像素宽高比（见图 1-1-12）。

格式	像素宽高比
正方形像素	1.0
D1/DV NTSC	0.9
D1/DV NTSC 宽屏	1.2
D1/DV PAL	1.07
D1/DV PAL 宽屏	1.42

图 1-1-12

计算机使用正方形像素显示画面，其像素宽高比为 1.0（见图 1-1-13）。而电视使用矩形像素，例如，DV NTSC 使用的像素宽高比为 0.9（见图 1-1-14）。如果在正方形像素的显示器上显示未经矫正的矩形像素的画面，会出现变形现象，比如其中的圆形物体会变为椭圆（见图 1-1-15）。

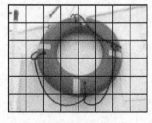

图 1-1-13

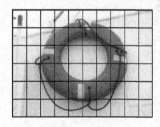

图 1-1-14

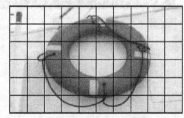

图 1-1-15

帧宽高比由像素宽高比和水平／垂直分辨率共同决定。帧宽高比等于像素宽高比与水平／垂直分辨率比之积。

1.1.5　视频色彩系统

色彩模式即描述色彩的方式。自然界中任何一种色光都可以由红、绿、蓝三原色按不同的比例混合而成（见图 1-1-16）。计算机和彩色电视的显示器使用 RGB 模式显示色彩，每种颜色使用 R、G、B3 个变量表示，即红、绿、蓝三原色。YUV 模式也称为 YCrCb 模式，其中 Y 表示亮度；U 和 V 即 Cr 和 Cb，分别表示红色和蓝色部分与亮度之间的差异，这种模式与 Photoshop 中的 Lab 模式很相似。

图 1-1-16

为了保持与早期黑白显示系统的兼容性，需要将 RGB 模式转化为 YUV 模式，如果只有 Y 信号分量，则显示黑白图像；要显示彩色，可将 YUV 模式再转化为 RGB 模式。使用 YUV 模式存储和传送电视信号，解决了彩色电视与黑白电视之间的兼容问题，使黑白电视也能接收彩色信号。

色彩深度即每个像素可以显示的色彩信息的多少，用位数（2 的 n 次方）描述，位数越高，画面的色彩表现力越强（见图 1-1-17）。计算机通常使用 8 位／通道（R、G、B）存储和传送色彩信息，即 24 位，如果加上一条 Alpha 通道，可以达到 32 位。高端视频工业标准对于色彩有更高的要求，通常使用 10 位／通道或 16 位／通道的标准。高标准的色彩可以表现更丰富的色彩细节，使画面更加细腻，颜色过渡更为平滑。

色彩深度（位）	最大颜色数
1	2
2	4
4	16
8	256
16	65 536
24/32	1 670万以上

图 1-1-17

1.1.6 数字音频

声音是由振动产生的。比如，弦乐器的弦或人的声带产生振动，会带动周围的空气随之振动，振动通过空气分子波浪式地进行传播。当振动波传到人的耳朵时，人便听到了声音。通常用波形表示声音。波形中的 0 线位置表示空气压力和外界大气压相同，当曲线上升时，表明空气压力加强，曲线降低时，表明空气压力下降（见图 1-1-18）。声音的波形实际上等同于空气压力变化的波形，声音就是这样在高低气压产生的波动中进行传播的。

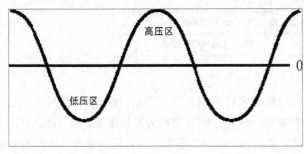

图 1-1-18

计算机可以将声音信息进行数字化存储，声音波形被分解成独立的采样点，即音频的数字化采样，也称为模拟—数字转换。采样的速率决定了数字音频的品质。采样率越高，数字化音频的波形越接近原始声音的波形，声音品质越好（见图 1-1-19）；而采样率越低，数字化音频的波形与原始声音的波形相差越大，声音品质就越差（见图 1-1-20）。

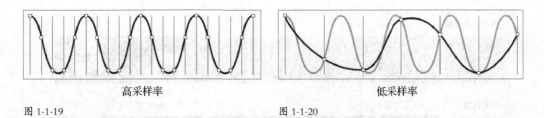

高采样率   低采样率

图 1-1-19   图 1-1-20

声音是影片中不可缺少的一部分，同样，在数字视频领域，音频的数字化也具有至关重要的作用，数字视频与数字音频是相辅相成的整体。

1.1.7 视频压缩

视频压缩也称为编码，是一种相当复杂的数学运算过程，其目的是通过减少文件的数据冗余，以节省存储空间，缩短处理时间，以及节约传送通道等。根据应用领域的实际需要，不同的信号源及其存储和传播的媒介决定了压缩编码的方式，压缩比率和压缩的效果也各不相同（见图 1-1-21）。

视频类型	码率 （kB/s）	700MB的CD-ROM 可以容纳的时间长度
未经压缩的高清视频 （1 920×1 080 29.97帧/s）	745 750	7.5s
未经压缩的标清视频 （720×486 29.97帧/s）	167 794	33s
DV25（miniDV/DVCAM/DVCPRO）	250 00	3min，44s
DVD影碟	5 000	18min，40s
VCD影碟	1 167	80min
宽带网络视频	100～2 000	3h，8min（500kB/s）
调制解调器网络视频	18～48	48h，37min（32kB/s）

图 1-1-21

    压缩的方式大致分为两种：一种是利用数据之间的相关性，将相同或相似的数据特征归类，用较少的数据量描述原始数据，以减少数据量，这种压缩通常称为无损压缩；另一种是利用人的视觉和听觉的特性，有针对性地简化不重要的信息，以减少数据，这种压缩通常称为有损压缩。

    有损压缩又分为空间压缩和时间压缩。空间压缩针对每一帧，将其中相近区域的相似色彩信息进行归类，用描述其相关性的方式取代描述每一个像素的色彩属性，省去了对于人眼视觉不重要的色彩信息。时间压缩又称插帧压缩（Interframe Compression），是在相邻帧之间建立相关性，描述视频中帧与帧之间变化的部分，并将相对不变的成分作为背景，从而大大减少了不必要的帧的信息（见图 1-1-22）。相对于空间压缩，时间压缩更具有可研究性，并具有更加广阔的发展空间。

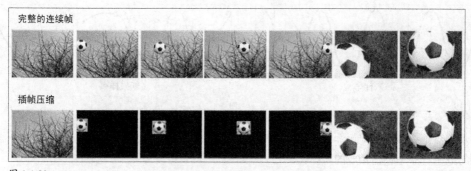

图 1-1-22

1.1.8　数字视频摄录系统

    DV 通常指数字视频，然而，DV 也专指一种基于 DV25 压缩方式的数字视频格式。这种格式的视频由使用 DV 带的 DV 摄像机摄制而成（见图 1-1-23）。DV 摄像机将影像通过镜头传输至感光原件

（CCD 或 CMOS，见图 1-1-24），将光学信号转换成为电信号，再使用 DV25 压缩方式，对原始信号进行压缩，并存储到 DV 带上。

HDV 摄像机

图 1-1-23

感光原件 CMOS

图 1-1-24

DV 摄像机或录像机通过与 IEEE 1394 接口进行连接，可以将 DV 带中记录的数字影像信息上传到计算机中进行后期的编辑处理（见图 1-1-25）。

图 1-1-25

随着技术的不断进步，数字摄像机的存储介质也逐渐向"无带化"的方向发展。磁盘存储、光盘存储和存储卡的应用，使数码摄录系统的采集流程更加高效。主要的硬件厂商都推出了基于自己的存储卡格式的专业摄录系统，例如，基于 P2 存储卡的 Panasonic P2 系统（见图 1-1-26）和基于 SXS

存储卡的 Sony XDCAM EX 系统（见图 1-1-27）。

图 1-1-26

图 1-1-27

在数字电影不断发展的今天，人们对摄录系统的画面质量和存储效率提出了更高的要求。RED 公司推出了全球最新的、最先进的数字电影机——RED ONE（见图 1-1-28）。通用机型成像从 2KB 到 4KB，高端产品最大成像为惊人的 5KB。影像直接记录在硬盘或者 CF 卡中，具有强大的压缩模式和 320GB 的硬盘，可以拍摄 4KB 画面 2 小时左右，后期处理的空间非常高。

图 1-1-28

1.1.9 电视制式

目前，世界上通用的电视制式有美国和日本等国家使用的 NTSC 制，澳大利亚、中国和欧洲大部分国家等使用的 PAL 制，以及法国等国家使用的 SECAM 制（见图 1-1-29）。部分国家可能存在多种电视制式，本小节只讨论其主流制式。

制式	国家和地区	垂直分辨率 （扫描线数）	帧速率 （隔行扫描）
NTSC	美国、加拿大、日本、韩国、墨西哥等	525 （480可视）	29.97 帧/s
PAL	澳大利亚、中国、欧洲大部分国家以及南美洲	625 （576可视）	25 帧/s
SECAM	法国以及部分非洲地区	625 （576可视）	25 帧/s

图 1-1-29

NTSC 制式是美国在 1953 年 12 月研制出来的，并以美国国家电视系统委员会（National Television System Committee）的缩写命名。这种制式的供电频率为 60Hz，帧速率为 29.97 帧/s，扫描线为 525 行，隔行扫描。采用 NTSC 制式的国家和地区有美国、加拿大、墨西哥、日本和韩国等。

PAL 制式是 1962 年在综合 NTSC 制式技术的基础上被研制出来的一种改进方案。这种制式的供电频率为 50Hz，帧速率为 25 帧/s，扫描线为 625 行，隔行扫描。采用 PAL 制式的国家和地区有中国、欧洲大部分国家、南美洲和澳大利亚等。

SECAM 制式是 1966 年由法国研制出来的，它与 PAL 制式有着同样的帧速率和扫描线数。采用 SECAM 制式的国家和地区有俄罗斯、法国、中东地区和非洲大部分国家等。

我国采用 PAL 制式，PAL 制式克服了 NTSC 制式的一些不足，相对于 SECAM 制式，它又有很好的兼容性，是标清中分辨率最高的制式。

1.1.10 标清、高清、2K 和 4K

标清（SD）与高清（HD）是两个相对的概念，是尺寸上的差别，而不是文件格式上的差异（见图 1-1-30）。高清简单理解起来就是分辨率高于标清的一种标准。分辨率最高的标清格式是 PAL 制式，可视垂直分辨率为 576 线，高于这个标准的即为高清，尺寸通常为 1 280 像素 ×720 像素或 1 920 像素 ×1 080 像素，帧宽高比为 16:9，相对标清，高清的画质有了大幅度提升（见图 1-1-31）。在声音方面，由于高清使用了更为先进的解码与环绕声技术，人们可以更为真实地感受现场。

图 1-1-30

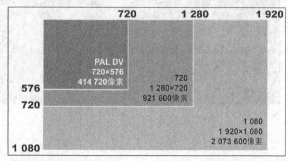

图 1-1-31

根据尺寸和帧速率的不同,高清分为不同格式,其中尺寸为1 280 像素 ×720 像素的均为逐行扫描,而尺寸为1 920 像素 ×1 080 像素的在比较高的帧速率下不支持逐行扫描(见图 1-1-32)。

格式	尺寸(像素)	帧速率
720 24p	1 280×720	23.976 帧/s 逐行
720 25p	1 280×720	25 帧/s逐行
720 30p	1 280×720	29.97 帧/s 逐行
720 50p	1 280×720	50 帧/s 逐行
720 60p	1 280×720	59.94 帧/s 逐行
1 080 24p	1 920×1 080	23.976 帧/s 逐行
1 080 25p	1 920×1 080	25 帧/s 逐行
1 080 30p	1 920×1 080	29.97 帧/s 逐行
1 080 50i	1 920×1 080	50 场/s 25 帧/s 隔行
1 080 60i	1 920×1 080	59.94 场/s 29.97 帧/s 隔行

图 1-1-32

由于高清是一种标准,所以它不拘泥于媒介与传播方式。高清可以是广播电视、DVD 的标准,也可以是流媒体的标准。当今,各种视频媒体形式都向着高清的方向发展。

2K 和 4K 是标准在高清之上的数字电影(Digital Cinema)格式,分辨率分别为 2 048 像素 ×1 365 像素和 4 096 像素 ×2 730 像素(见图 1-1-33)。目前,RED ONE 等高端数字电影摄像机均支持 2K 和 4K 的标准。

图 1-1-33

1.2 After Effects 的发展

After Effects 是 Adobe 公司推出的基于 Windows 和苹果（Macintosh）平台开发的专业级影视合成软件，它拥有先进的设计理念，可以制作丰富的动画和视觉特效，与 Adobe 公司的其他产品有着紧密的结合。经历了十几年的发展，其功能不断扩展，并被业界广泛认可，成为数字视频领域应用程度颇高的合成软件之一。

1.2.1 Adobe Creative Suite 5 与 After Effects CS5 及新增功能

2010 年 4 月 12 日，Adobe 隆重发布了最新一代的 Creative Suite 5 软件套装，它大大增强了软件的性能，并整合了实用的线上应用（见图 1-2-1）。CS5 有超过 250 种的新增特性，支持新的操作系统，并对处理器和 GPU 进行了优化，能够很好地支持多核心处理器和 GPU 加速。

图 1-2-1

After Effects CS5 同样包含在 Master Collection 和 Production Premium 中，单独购买的 After Effects CS5 还包含 Adobe Bridge CS5、Adobe Device Central CS5、Adobe Media Encoder CS5 和一些专业设计的模板等（见图 1-2-2）。不过，新的 After Effects CS5 只支持 64 位系统。

图 1-2-2

After Effects 经历了多年的发展，其出色的表现为业界高度赞赏。After Effects CS5 的新增功能进一步增强了这种体验。

1. 原生 64 位程序

After Effects 最明显的进步就是成为完整的原生 64 位程序，这带来了诸多改进。例如在进行高分辨率项目的时候，可以充分使用计算机内存，以大幅提升工作效率。

从最开始的标清发展到后来的高清，再到以 RED ONE 设备为代表拍摄的数字电影项目，需要支持 4K 级别的分辨率，对内存的需求也越来越高。After Effects CS5 支持的原生 64 位系统，可以处理更高分辨率的项目。

对 64 位操作系统的支持，意味着 After Effects CS5 可以使用计算机可用的所有内存资源。对于高分辨率、高质量的项目，通过更多的内存支持，可以进行无间断地预览（见图 1-2-3）。

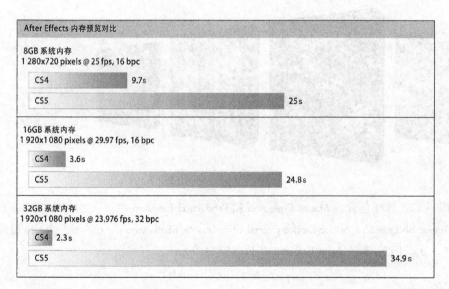

图 1-2-3

2. Roto 画笔

很多镜头都需要分离前景，以替换所需的背景环境。新的 Roto Brush 提供了一种快速、有效的解决方案以分离复杂场景中的前景元素，大大提高了效率，节约了预算。使用新的 Roto 画笔，只需要在前景物体上绘制简单的笔画，After Effects 会自动计算出其他帧的前景物体（见图 1-2-4）。

3. After Effects CS5 中的新 Mocha

反映真实世界的项目通常都需要进行运动追踪，但一些例如元素出镜或包含运动模糊的镜头给追踪带来了很大的挑战。After Effects CS5 中的 Mocha 具有一个独立的平面追踪器，可以应对各种复杂追踪和稳定的任务。

图 1-2-4

　　另外一个常用的新功能是，在 Mocha 中创建的贝赛尔曲线或 X-spline 动画可以被转化为 After Effects 中的遮罩，可以进一步进行控制。运动模糊数据也包含在输出跟踪数据中，以创建和源素材相匹配的运动模糊（见图 1-2-5）。

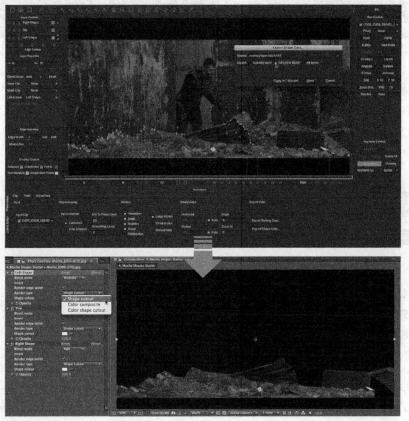

图 1-2-5

4. AVC–Intra 支持和拓展的 RED 摄像机支持

After Effects CS5 支持新的 AVC-Intra 50 和 AVC-Intra 100 编码（见图 1-2-6），并支持 RED 摄像机拍摄的素材（见图 1-2-7）。

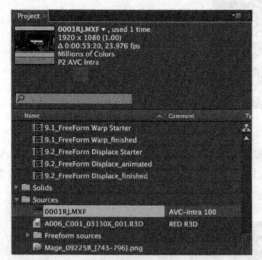

图 1-2-6   图 1-2-7

5. 自动关键帧模式

After Effects 具备强大而复杂的关键帧系统，然而，对于刚刚入手 After Effects 的用户，常常期望用一种自动的方式创建关键帧动画。After Effects 提供了自动关键帧模式，开启这个模式后，更改属性时会自动开启关键帧功能，并记录一个关键帧（见图 1-2-8）。

图 1-2-8

6. 颜色 Look–Up Table

After Effects CS5 在 3DL 和 CUBE 文件格式中添加了自定义颜色 Look-Up Table（LUTs），可以载入到新的颜色 LUT 效果中。使用这种效果，可以进行一些特殊的色彩校正。例如，可以将影片快速调整为之前设置好的电影色彩效果（见图 1-2-9）。

7. Color Finesse 3 LE

After Effects CS5 包含了最强大的桌面级调色工具的升级版——Synthetic Aperture 的 Color Finesse 3 LE（见图 1-2-10）。最新的版本提供了更多的方法来完善图像的色彩。

图 1-2-9

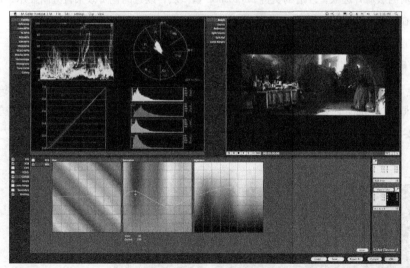

图 1-2-10

8. Digieffects FreeForm

Digieffects FreeForm 首次包含在 After Effects 中，并大幅增加了 3D 设计方案，在 After Effects 中

可以实现更多的效果。例如，创建旗帜，漂浮的视频，以及挤压的层等，而这些都无须专用的 3D 软件。FreeForm 自动对 After Effects 中的 3D 摄像机和灯光做出反映，使其将效果所产生的结果简单融合到任一 3D 场景。这个强大的插件允许在 3D 空间弯曲或扭曲任一层，使用任一调整网点或另一层作为置换贴图（见图 1-2-11）。

图 1-2-11

除了上述新增功能外，After Effects CS5 还在原有的基础之上对很多功能进行了增强。如新增的 Refine Matte 效果，新增的层对齐选项，改进的支持 Photoshop 调节层，改进的色阶效果直方图显示，以及整合的 Adobe CS Live 在线服务等功能，提高了工作效率。

1.2.2 Adobe Creative Suite 6 与 After Effects CS6 及新增功能

2012 年 4 月 23 日，Adobe 公司正式宣布了新一代面向设计、网络和视频领域的终极专业套装——Creative Suite 6。与此同时，Adobe 还发布了订阅式云服务——Creative Cloud（创意云），提升了创意工具的在线体验（见图 1-2-12）。

图 1-2-12

After Effects CS6 继续包含在 Master Collection 和 Production Premium 中，购买的 After Effects CS6 会包含 Adobe Bridge CS6 和 Adobe Media Encoder CS6（见图 1-2-13）。

图 1-2-13

After Effects CS6 通过不断提升的工作体验，提供完整的创造性的同时提供无与伦比的性能，大大提高了生产力。

1. 全面提升性能的缓存

After Effects 一直致力于性能的提升，全面提升性能的缓存系统包括一组技术：全面的 RAM 缓存、持久性的磁盘缓存和新的图形卡加速通道。

通过这样的提升，对素材的渲染加速，可以在合成时，减少不断渲染的时间，使操作更加顺畅。（见图 1-2-14）。

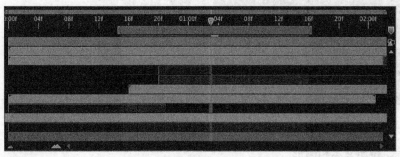

图 1-2-14

2. 3D 摄像机追踪器

新的 3D 摄像机追踪器（3D Camera Tracker）效果自动分析出 2D 素材中的动态，计算出真实场景中的摄像机所拍摄到的位置、方向和景深，并在 After Effects 中创建一个匹配的新的 3D 摄像机。与此同时，还在 2D 素材上面叠加了 3D 的追踪点，便于在原始素材上附加新的 3D 层（见图 1-2-15）。

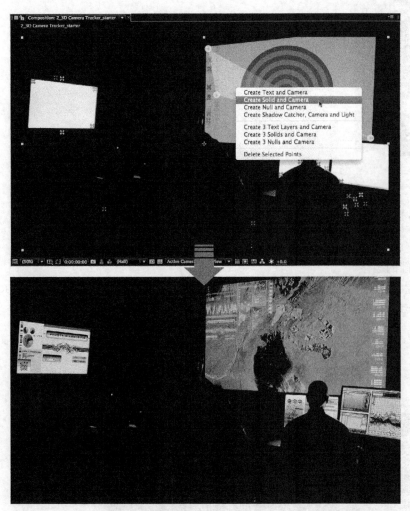

图 1-2-15

3. 完全射线追踪、挤压文本和图形

After Effects CS6 引入了一个新的射线追踪的 3D 渲染引擎，支持快速地进行完全射线追踪，在 3D 空间创建几何形状和文字层（见图 1-2-16）。

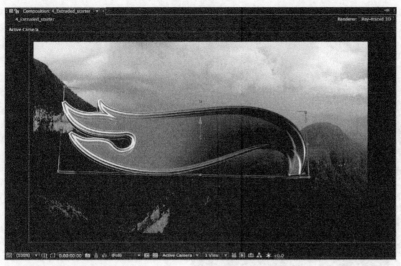

图 1-2-16

4. 可变的遮罩羽化

利用可变的遮罩羽化，可以精确地创建适当程度的边缘羽化，以创建出更加真实的合成效果（见图 1-2-17）。After Effects CS6 是首次包含新的遮罩羽化工具，可以根据画面的需要，为不同的遮罩上的点，设置不同的羽化值。

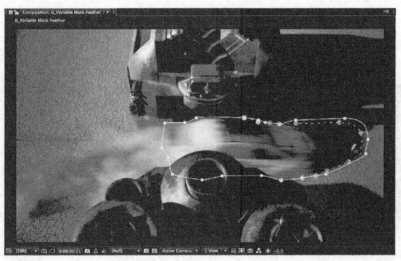

图 1-2-17

5. 与 Adobe Illustrator CS6 紧密集成

Adobe Illustrator 一直是创建复杂文本结构、图标和其他图形元素最流行的工具。After Effects CS6

包含了一个"Create Shapes From Vector Layer"命令，可以将任何 Illustrator 矢量图（AI 和 EPS 文件）转化为 After Effects 的图形层。这样就可以在 After Effects 中对这些矢量图形进行操作（见图 1-2-18）。

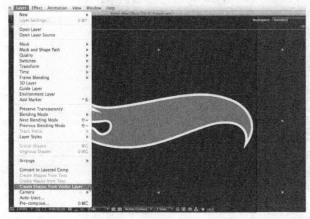

图 1-2-18

6. 滚动快门修复

带有 CMOS 传感器的数码相机，包括带有视频功能的单反相机被越来越多地用来拍摄电影、商业广告和电视节目。数码相机都有一个滚动的快门，是通过扫描线的方式捕捉视频的帧。由于不是在同一时刻记录所有的扫描线，滚动快门会导致扭曲，如倾斜建筑物等。

After Effects CS6 包含一个高级的滚动快门修复（Rolling Shutter Repair）效果，包含了两种不同的算法来修复有问题的画面（见图 1-2-19）。

图 1-2-19

7. 增强的效果

After Effects CS6 带有 80 个新的和升级的内置效果。最新的版本提供了更多的方法来完善图像的色彩。After Effects CS6 捆绑了最新的 CycoreFX HD，为创建特效提供了更多的选择（见图 1-2-20）。

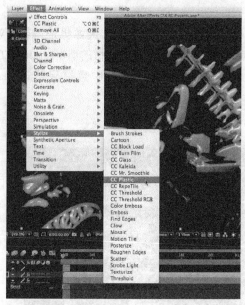

图 1-2-20

8. 专业导入 After Effects

专业导入 After Effects（Pro Import After Effects）是业界领先的专业工作流程，可以通过导入 AAF/OMF 文件与 Avid Media Composer，通过导入 XML 文件与 Apple Final Cut Pro 7 或更早版本进行整合（见图 1-2-21）。很多效果和参数在转换到 After Effects 中以后都能得到很好的保留。

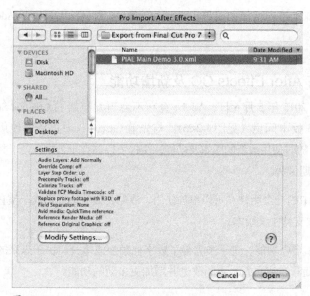

图 1-2-21

9. 改进的 mocha AE 流程

专业的运动追踪工具 mocha AE 继续包含在 After Effects 中，并与 3D 摄像机追踪器、Warp Stabilizer 和传统 2D 点追踪器整合成为一套运动追踪方案，以应对各种素材的情况。After Effects CS6 现在包含一个"Track In mocha AE"菜单命令，可以在 After Effects 中直接启动 mocha AE（见图 1-2-22）。

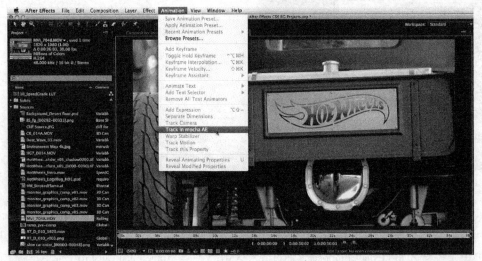

图 1-2-22

除了上述新增功能外，After Effects CS6 还在原有的基础之上对很多功能进行了增强。如增强的 OpenGL 渲染，提升的对象边框控制，脚本语言增加和改善，支持 ARRIRAW 素材，以及对于 Adobe SpeedGrade 文件的支持。

1.2.3 Adobe Creative Cloud 与 After Effects CC 及新增功能

2011 年 10 月，Adobe 发布云平台；2013 年 5 月 6 日，Adobe 宣布不会再发布新的 Creative Suite 版本；2013 年 6 月 17 日，Creative Cloud 版本问世（见图 1-2-23）。与先前 Creative Suite 的版本使用类似，依托于云端服务，可提供即时升级，随时使用最新的版本及功能，文档可以储存于云端，便于共享及异地使用。软件采用租用模式，用户按期付费。

After Effects CC 作为 Creative Cloud 中的一个组件，可以单独使用，或配合其他组件形成一整套工作流（见图 1-2-24）。After Effects CC 首次支持中文版本。

After Effects CC 提供了大量新功能和增强功能，进一步完善了数字视频合成体验。由于未来的版本更新都通过在线的方式进行，所以会随着在线更新，不断改进并增加更多新的功能。

图 1-2-23

图 1-2-24

1. CINEMA 4D 整合

较紧密地整合 CINEMA 4D，可以将 Adobe After Effects 和 MAXON CINEMA 4D 结合使用。可在 After Effects 中创建 CINEMA 4D 文件。将基于 CINEMA 4D 文件的图层添加到合成后，可在 CINEMA 4D 中对其进行修改和保存，并将结果实时显示在 After Effects 中。简化的工作流无需缓慢地将通程批量渲染至磁盘或创建图像序列文件。通程图像可通过实时渲染连接至 C4D 文件，无需使用中间文件（见图 1-2-25）。

图 1-2-25

2. 增强型动态抠像工具集

使前景对象（如演员）与背景分开是大多数视觉效果和合成工作流中的重要步骤。此版本的 After Effects 提供多个改进功能和新功能使动态抠像更容易、更有效（见图 1-2-26）。

图 1-2-26　调整边缘

这些工具位于"图层"面板中（见图 1-2-27）。

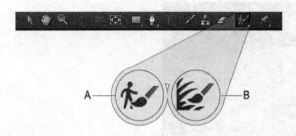

图 1-2-27　A. 旋转画笔　B. 调整边缘

3. 像素运动模糊效果

计算机生成的运动或加速素材通常看起来很虚假，这是因为没有进行运动模糊。新的"像素运动模糊"效果会分析视频素材，并根据运动矢量人工合成运动模糊。添加运动模糊可使运动更加真实，因为其中包含了通常由摄像机在拍摄时引入的模糊（见图 1-2-28）。选择图层，然后使用菜单命令"效果 > 时间 > 像素运动模糊"。

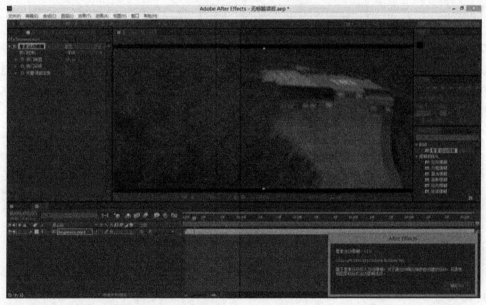

图 1-2-28　通过像素运动模糊在视觉上传递运动

4. 3D 摄像机跟踪器

现在可以在 3D 摄像机追踪器效果中定义地平面或参考面以及原点（见图 1-2-29）。使用新的跨时间自动删除跟踪点选项，在"合成"面板中删除跟踪点时，相应的跟踪点（即同一特性 / 对象上的跟踪点）将在其他时间在图层上予以删除。After Effects 会分析素材，并且尝试删除其他帧上相应的轨迹点。

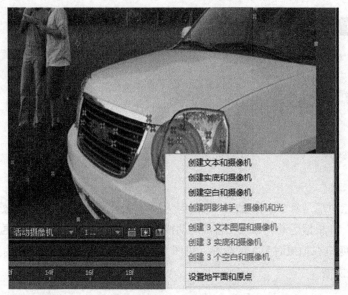

图 1-2-29

5. 在"合成"面板中对齐图层

现在可以在合成面板中拖动图层时对齐图层。最接近指针的图层特性将用于对齐。这些包括锚点、中心、角或蒙版路径上的点。对于 3D 图层，还包括表面的中心或 3D 体积的中心。在拖动其他图层附近的图层时，目标图层将突出显示，显示出对齐点（见图 1-2-30）。

图 1-2-30

默认情况下禁用对齐。要对齐图层，请执行以下操作之一。

· 从"工具"面板中启用"对齐"。

· 要启用对齐，请在按住 Cmd 键 (Mac OS) 或 Ctrl 键 (Windows) 的同时拖动图层。

6. 查找缺失的素材、效果或字体

此版本的 After Effects 可以更轻松地在项目中找到依赖项，快速地找到缺失的素材、效果或字

体（见图1-2-31）。使用菜单命令"文件 > 依赖项 > 缺失效果 / 缺失字体 / 缺失素材"，也可以使用项目面板搜索这些依赖项。在搜索字段中键入命令，或选择预定义的依赖项搜索方式之一。

图 1-2-31

缺失项搜索完成后，引用缺失项的合成会显示在项目面板中。双击该合成可在时间轴面板中打开它，并会自动过滤图层以仅显示包含缺失项的合成。

After Effects CC 围绕云应用的理念，进行了很多人性化的改进，进一步提升了工作效率，而且还会不断更新更多的功能。

1.2.4 专业数字视频工作流程

专业的视频工作流程主要分为创建和发布两个部分。其中，创建部分又分为前期、中期和后期三个部分。Adobe CC 中的软件为视频的创建的每个环节都提供了强大的工具（见图1-2-32）。

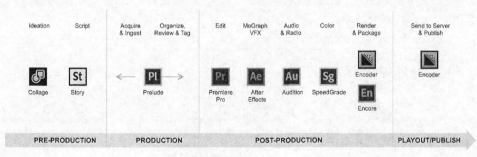

专业数字影视工作流程

图 1-2-32

在整个数字视频创作流程中，Premiere Pro 起到了枢纽的作用，可以将硬件终端输入的以及媒体素材使用软件生成的媒体素材进行整合剪辑，并通过 Adobe Dynamic Link，将 After Effects 的项目文件直接作为素材使用，从而省去了渲染的时间。最后借助其自身强大的输出功能和 Adobe Media Encoder 针对各种媒体介质进行输出。此外，还可以通过整合专业的 Encore，将影片制作成为专业级别的数字影像光盘（见图 1-2-33）。

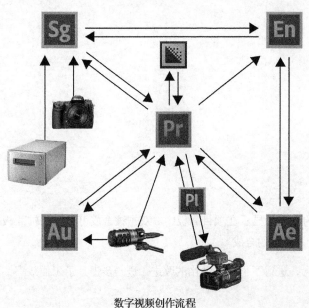

数字视频创作流程

图 1-2-33

项目与合成 2

学习要点:

· 了解 After Effects 工作空间的设置
· 掌握基本动画创建流程
· 了解 After Effects 项目设置方法
· 了解 After Effects 合成设置方法

2.1 工作空间

　　Adobe 的视频和音频软件提供了统一的、可自由定义的工作空间，用户可以对各个面板自由地移动或结组（见图 2-1-1）。这种工作空间使数字视频的创作变得更为得心应手。

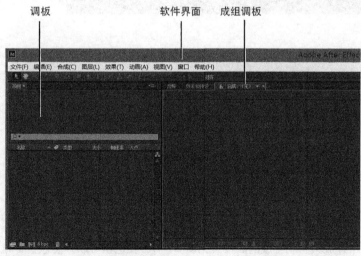

图 2-1-1

2.1.1 After Effects CC 鸟瞰

启动 After Effects CC，进入软件界面默认的工作空间，其中显示在编辑工作中常用的各个面板（见图 2-1-2）。各面板以独立或结组的方式紧密相邻，使得界面风格相当紧凑。除了在软件界面的最上方选择菜单命令，还可以通过单击面板右上角的三角形按钮 ⊙，调出面板的弹出式菜单命令；用鼠标右键单击面板或其中的元素，也可以调出与元素或当前编辑工具相关的菜单命令。

图 2-1-2

1. 工具箱

工具箱集合了 After Effects 中所有的编辑工具，在编辑影片的时候要注意选择合适的工具进行操作。这些工具的功能特性在后续的章节中会进行详细的介绍（见图 2-1-3）。

图 2-1-3

2. 项目面板

项目面板是 After Effects 中存放素材和合成的面板（见图 2-1-4）。在这里可以方便地查看导入的素材信息，并可对合成与素材进行组织管理工作。

3. 效果控件面板

After Effects 允许对层直接添加特效。效果控件面板是 After Effects 中修改特效参数的面板

（见图 2-1-5）。

图 2-1-4

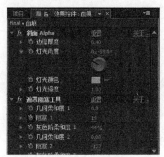

图 2-1-5

4. 时间轴面板

　　合成影片和设置动画的面板是动画创作的主功能界面。在 After Effects 中，动画设置基本都是在时间轴面板中完成的，其主要功能就是可以拖曳"当前时间指示器"预览动画，同时可以对动画进行设置和编辑操作（见图 2-1-6）。

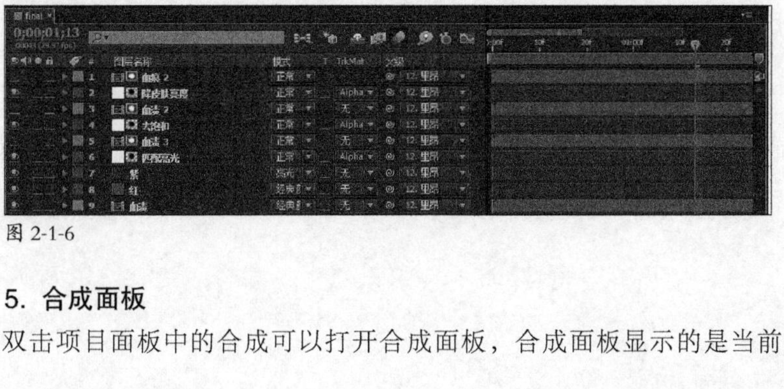

图 2-1-6

5. 合成面板

　　双击项目面板中的合成可以打开合成面板，合成面板显示的是当前合成的影片，是动画创作的主面板，它和时间轴面板的关系非常密切。影片基本是在时间轴面板中制作的，并在合成面板中显示出来。也就是说，合成面板显示的是在时间轴面板上创作的影片（见图2-1-7）。

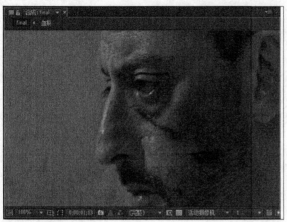

图 2-1-7

6. 信息面板

可以显示当前鼠标指针所在位置的色彩及位置信息，并可以设置多种显示方式（见图2-1-8）。

7. 音频面板

可以显示当前预览的音频的音量信息，并可检测音量是否超标（见图2-1-9）。

图 2-1-8

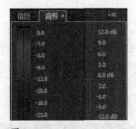

图 2-1-9

8. 预览面板

预览面板是用来控制影片播放的面板，并可以设置多种预览方式，可以提供高质量或高速度的渲染（见图2-1-10）。

图 2-1-10

9. 效果与预设面板

该面板中罗列了 After Effects 的特效与设计师们为 Adobe 设计制作的特效效果，并可以直接调用。同时该面板提供了方便的搜索特效功能，可以快捷地查找特效（见图 2-1-11）。有些特效的预设在特效控制面板中可能无法载入，就需要在特效与预置面板中才能找到它。

图 2-1-11

10. 字符面板

字符面板是 After Effects 中设置文字基本属性的面板，可以修改诸如文字的字体、字号、字距、行距、填充、描边等（见图 2-1-12）。

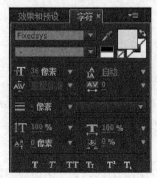

图 2-1-12

11. 段落面板

段落面板是设置文本段落属性的面板，可以修改诸如对齐方式、缩进等（见图 2-1-13）。

图 2-1-13

以上的 11 个面板是 After Effects 比较常用的功能面板。还有很多 After Effects 的面板没有显示在主界面中，用户可以在窗口菜单下找到这些面板并将其一一开启或关闭。图 2-1-14 所示为 After Effects 打开所有面板的工作界面。

图 2-1-14

2.1.2 自定义工作空间

After Effects 的工作空间采用"可拖放区域管理模式"，通过拖放面板的操作，可以自由定义工作空间的布局，方便管理，使工作空间的结构更加紧凑，节约空间资源。此外，还可以通过调节界面亮度和自定义快捷键等方式，创建适合自己实际工作情况的工作空间。

1. 面板的定位与结组

鼠标指针指向面板的标签，将一个面板拖放至另一个面板或面板组上方时，另一个面板会显示出 6 部分区域，其中包括环绕面板四周的 4 个区域、中心区域以及标签区域。鼠标指针指向某个区域时，此区域高亮显示为目标区域。

拖放至四周的某个区域时（见图 2-1-15），面板会被放置在另一个面板或面板组相应方向的区域中，并且平分占据原面板或面板组区域的位置（见图 2-1-16）。

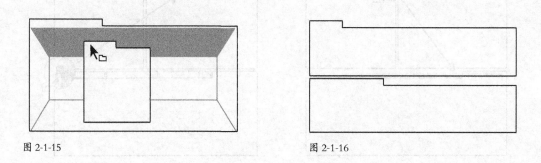

图 2-1-15   图 2-1-16

拖放至中心或标签区域时（见图 2-1-17），面板会与另一个面板或面板组结组，这对原面板区域的位置并无影响（见图 2-1-18）。

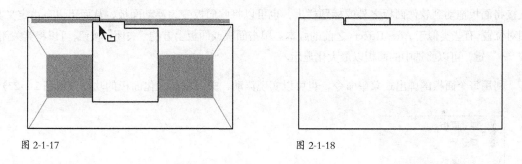

图 2-1-17   图 2-1-18

当鼠标指针指向面板间的空隙时，会出现双箭头标记 ◀▶（见图 2-1-19），此时拖动鼠标可以定义面板的尺寸（见图 2-1-20）。

拖曳面板标签的左上角到目标区域，可以移动单独的面板（见图 2-1-21）。拖曳面板组标签的右上角到目标区域，可以移动整个面板组（见图 2-1-22）。

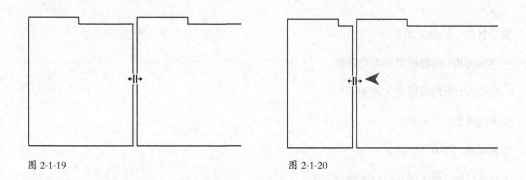

图 2-1-19   图 2-1-20

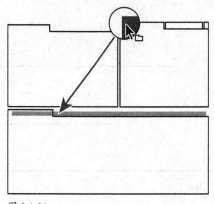
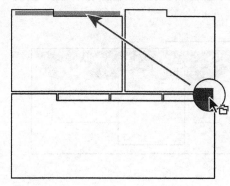

图 2-1-21 图 2-1-22

2. 面板的打开、关闭与面板卷轴

在窗口菜单下可以选择打开任一面板。按住"Ctrl"键,拖动面板,可以将此面板变为浮动面板;直接将面板拖动到软件面板之外或标题栏上,也可以将此面板变为浮动面板,从而可以自由定义其相对位置,有些类似于 After Effects 之前的版本。单击面板或面板上方的"关闭"按钮,可以将其关闭。按"~"键,可以将选中的面板以最大化显示。

利用每个面板的弹出式菜单命令,也可以实现浮动、关闭或最大化面板的功能(见图 2-1-23)。

| 浮动面板 |
| 浮动帧 |
| 关闭面板 |
| 关闭帧 |
| 最大化帧 |
| 列数 |
| 项目设置... |
| 缩览图透明网格 |

图 2-1-23

其中各命令的含义如下。

· 浮动面板:将面板变为浮动面板。

· 浮动帧:将面板组变为浮动面板组。

· 关闭面板:关闭面板。

· 关闭帧:关闭面板组。

· 最大化帧:最大化面板或面板组。

如果面板组空间过于狭窄而不能显示所有面板标签，可以通过拖曳面板卷轴的方式进行调整（见图 2-1-24）。

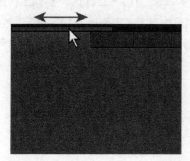

图 2-1-24

3. 调节界面的明暗

After Effects 允许用户根据自己的工作需要调节界面的明暗。

使用菜单命令"编辑 > 首选项 > 外观"，调出首选项对话框，在其外观部分的亮度栏中，通过拖动滑杆，可以调节界面的明暗（见图 2-1-25）。向左拖动，界面变暗；反之则变亮。

图 2-1-25

2.1.3 预置工作空间与管理工作空间

为了适应不同工作阶段的需求，After Effects 预置了 9 种工作空间，分别为标准、所有面板、效果、浮动面板、简约、动画、文本、绘画、运动跟踪几个工作界面。在菜单命令"窗口 > 工作区"下，可以选择预置的工作空间（见图 2-1-26）。

标准	Shift+F10
✔ 所有面板	
效果	Shift+F12
浮动面板	
简约	
动画	Shift+F11
文本	
绘画	
运动跟踪	

图 2-1-26

　　此外，还可以将自定义的工作空间保存起来，随时调用。使用菜单命令"窗口 > 工作区 > 新建工作区"，在弹出的新建工作区对话框中输入工作空间的名称，单击"确定"按钮，定义好的工作空间名称会出现在菜单命令"窗口 > 工作区"的子菜单中。使用菜单命令"窗口 > 工作区 > 删除工作区"，可以在弹出的删除工作区对话框的"名称"下拉列表中选择欲删除的自定义工作区，单击"确定"按钮，将其删除。如果需要将当前工作空间恢复为默认状态，可使用菜单命令"重置'当前工作区名称'"（见图 2-1-27）。

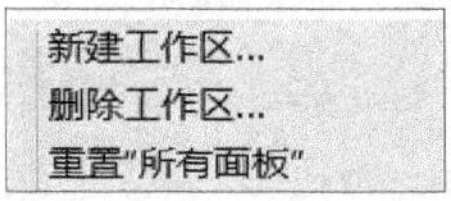

新建工作区...
删除工作区...
重置"所有面板"

图 2-1-27

2.2　基本工作流程

　　无论用户使用 After Effects 创建特效合成还是关键帧动画，甚至仅仅使用 After Effects 制作简单的文字效果，这些操作都遵循相同的工作流程。当然，用户有权利在整个工作流程中根据需要重复或省略掉某些步骤。

　　例如，用户可能会反复修改层属性和动画效果，直到感觉所有的地方都达到了最佳视觉效果。用户也可以忽略掉诸如"导入素材"这样的步骤，而直接在 After Effects 中创建图形元素。

　　下面介绍创作影片的标准工作流程，这个工作流程同样适用于其他特效合成软件，甚至用户使用 Photoshop 也可以从中有所收获。

2.2.1　基本流程详解

1. 导入和组织素材

　　当用户创建一个项目时，需要将素材导入到项目面板中，After Effects 会自动识别常见的媒体格式，但是用户需要自己定义素材的一些属性，诸如像素比、帧速率等。用户可以在项目面板中查看每一种素材的信息，并设置素材的入出点以匹配合成。

2. 在合成面板中创建或组织层

　　用户可以创建一个或多个合成。任何导入的素材都可以作为层的源素材导入合成中。用户可以在合成面板中排列和对齐这些层，或在时间轴面板中组织它们的时间排序或设置动画。用户还可以设置层是二维层还是三维层，以及是否需要真实的三维空间感。用户可以使用遮罩、混合模式及各种抠像工具来进行多层的合成。用户甚至可以使用形状层与文本层，或绘画工具创建用户需要的视觉元素，最终完成用户需要的合成或视觉效果。

3. 修改层属性与设置关键帧动画

用户可以修改层的属性，比如大小、位移、透明度等。利用关键帧或表达式，用户可以在任何时间修改层的属性来完成动画效果。用户甚至可以通过追踪或稳定面板让一个元素去跟随另一个元素运动，或让一个晃动的画面静止下来。

4. 添加特效与修改特效属性

用户可以为一个层添加一个或多个特效，通过这些特效创建视觉效果和音频效果。用户甚至可以通过简单的拖曳来创建美妙的视觉元素。用户可以在 After Effects 中应用数以百计的预置特效、预置动画与图层样式，还可以选择调整好的特效并将其保存为预设值。用户可以为特效的参数设置关键帧动画，从而创建更丰富的视觉效果。

5. 预览动画

在用户的计算机显示器或外接显示器上预览合成效果是非常快速和高效的。即使是非常复杂的项目，用户依然可以使用 OpenGL 技术加快渲染速度。用户可以通过修改渲染的帧速率或分辨率来改变渲染速度，也可以通过限制渲染区域或渲染时间来达到类似的改变渲染速度的效果。用户可以通过色彩管理预览影片在不同设备上的显示效果。

6. 渲染与输出

用户可以定义影片的合成并通过渲染队列将其输出。不同的设备需要不同的合成，用户可以建立标准的电视或电影格式的合成，也可以自定义合成，最终通过 After Effects 强大的输出模块将其输出为用户需要的影片编码格式。After Effects 提供了多种输出设置，并支持渲染队列与联机渲染。

2.2.2　基本的工作流程

如果用户已经尝试着开启 After Effects，但是还没有进行任何一项操作，那么下面的练习将会非常适合操作。在完成最终影片的渲染后，用户可以将影片作为素材再次导入 After Effects 中进行预览和编辑。

可以使用鼠标或菜单命令来操作 After Effects，也可以使用快捷键。无论使用哪一种方法，都可以实现相同的效果。用户会在以后的工作中发现，在编辑过程中穿插一些快捷键的操作会让工作更快速、更高效。

1. 导入素材

使用菜单命令"文件 > 导入 > 文件"或快捷键"Ctrl+I"，可以将素材导入（见图 2-2-1）。

图 2-2-1

2. 创建新合成

使用菜单命令"合成 > 新建合成"或快捷键"Ctrl+N",会弹出合成设置对话框,并选择预设为"PAL
D1/DV"(见图 2-2-2)。

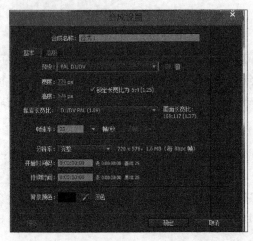

图 2-2-2

3. 修改合成时间

在"合成设置"对话框中找到"持续时间"参数,将其修改为"00:00:05:00"(5 秒),设置完毕后,
单击"确定"按钮确定修改(见图 2-2-3)。

图 2-2-3

4. 创建一个文本层

使用菜单命令"图层 > 新建 > 文本"或快捷键"Ctrl+Alt+Shift+T",这时输入光标处于激活状态(见图 2-2-4)。

图 2-2-4

5. 键入文字

键入用户需要的文字,比如"ADOBE AFTER EFFECLS",键入完毕后,按快捷键"Ctrl+Enter"退出文字编辑模式(见图 2-2-5)。

图 2-2-5

6. 激活选择工具

单击工具栏上的选择工具按钮或按"V"键可以激活选择工具(见图 2-2-6)。

图 2-2-6

7. 设置文字初始位置

使用选择工具,将建立的文本层拖曳到合成的左下角位置(见图 2-2-7)。

图 2-2-7

8. 设置动画开始的时间位置

将时间轴面板上的"当前时间指示器"拖曳到合成第一帧的位置,或按"Home"键(见图 2-2-8)。

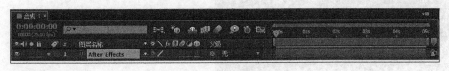

图 2-2-8

9. 设置初始关键帧

在时间轴面板上展开文本层左边的小三角,找到变换属性组,再单击变换属性组左边的小三角将其展开,这时可以看到层的 5 大基本属性(见图 2-2-9)。

图 2-2-9

确保时间指示器在时间轴第一帧的位置,单击"位置"属性左边的码表,设置"位置"的初始关键帧,还可以使用快捷键"Alt+Shift+P"添加一个关键帧(见图 2-2-10)。

图 2-2-10

10. 设置动画结束的时间位置

将"当前时间指示器"拖拽到合成的最后一帧或按"End"键（见图 2-2-11）。

图 2-2-11

11. 设置结束关键帧

使用选择工具，将文本拖曳到合成的右上角位置，这时会在当前时间添加一个新的"位置"关键帧，动画会在这两个关键帧之间自动差值产生（见图 2-2-12）。

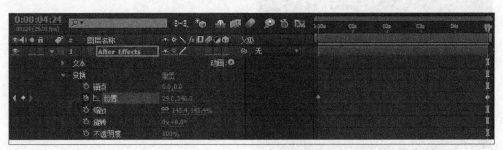

图 2-2-12

按空格键可以播放预览动画，可以看到合成面板中已经产生位移动画效果（见图 2-2-13）。

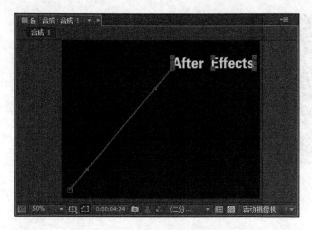

图 2-2-13

12. 导入背景

将背景层"地球 .psd"拖曳到时间轴面板中，并放置到文本层的下面（见图 2-2-14）。

图 2-2-14

这样动画就制作完成了，在合成面板中可以看到最终的动画效果（见图 2-2-15）。

13. 预览动画

可以单击预览面板中的播放按钮▶对影片进行播放预览，再次单击该按钮可以停止播放，按空格键也可以得到相同的效果（见图 2-2-16）。

图 2-2-15

图 2-2-16

14. 应用发光特效

用选择工具选中文本层,使用菜单命令"效果 > 风格化 > 发光",即可添加发光效果。或在"效果与预设"面板的搜索框中键入"发光"也可以搜索到发光特效,双击这个特效的名称可以将特效添加到选择的层上,可以看到文字产生了发光的效果(见图 2-2-17)。

图 2-2-17

15. 将制作完成的合成添加到渲染队列

使用菜单命令"合成 > 添加到渲染队列"或快捷键"Ctrl+M",将合成添加到渲染队列面板(见图 2-2-18)。

图 2-2-18

16. 设置影片的输出位置

在渲染队列面板中,单击"输出到"参数右边带有下划线的文字,在弹出的对话框中为输出文件设置一个名称，并指定输出位置，然后单击"保存"按钮将文件保存（见图 2-2-19）。

图 2-2-19

17. 输出影片

单击"渲染"按钮，开始进行渲染，渲染队列面板会显示正在渲染或等待渲染的项目（见图 2-2-20）。当渲染完成后，After Effects 会发出声响提醒用户渲染完成。

图 2-2-20

至此，就成功创建、渲染和输出了一个影片。

2.3　项目详解

2.3.1　项目概述

After Effects 的一个项目是存储在硬盘上的单独文件（见图 2-3-1 和图 2-3-2），其中存储了合成、素材以及所有的动画信息。一个项目可以包含多个素材和多个合成，合成中的许多层是通过导入的素材创建的，还有些是在 After Effects 中直接创建的图形图像文件。

项目.aep

项目.aepx

图 2-3-1    图 2-3-2

项目文件以 .aep 或 .aepx 作为后缀，以 .aep 作为后缀的项目文件是一种二进制项目文件（File name extension is a binary project file）；以 .aepx 作为后缀的项目文件是一种基于文本的 XML 项目文件。当前项目的名称会显示在 After Effects 操作界面的左上角。

2.3.2　创建与打开新项目

首先有一个问题需要明确，也就是同一时间只能在 After Effects 中打开一个项目。如果用户需要打开另外一个项目，After Effects 会自动提示是否要保存当前项目的修改，在用户确定后，After Effects 才会将项目关闭。如果用户创建了一个新项目，可以在这个项目中导入素材。

要创建一个项目，使用菜单命令"文件 > 新建 > 新建项目"。

要打开一个项目，使用菜单命令"文件 > 打开项目"，在弹出的对话框中选择一个项目，并将其打开。

2.3.3　项目模板与项目示例

项目模板文件是一个存储在硬盘上的单独文件，以 .aet 作为文件后缀。用户可以调用许多 After Effects 预置模板项目，例如 DVD 菜单模板。这些模板项目可以作为用户制作项目的基础，用户可以在这些模板的基础上添加自己的设计元素。当然，用户也可以为当前的项目创建一个新模板。

当用户打开一个模板项目时，After Effects 会创建一个新的基于用户选择模板的未命名的项目。用户编辑完毕后，保存这个项目并不会影响到 After Effects 的模板项目。

当用户开启一个 After Effects 的模板项目时，如果用户想要了解这个模板文件是如何创建的，这里介绍一个非常好的方法。

打开一个合成，并将其时间轴激活，使用快捷键"Ctrl+A"将所有层选中，然后按"U"键可以展开层中所有设置了关键帧的参数或所有修改过的参数。动画参数或修改过的参数可以向用户展示模板设计师究竟做了什么样的工作。

如果有些模板中的层被锁定了，用户可能无法对其进行展开参数或修改操作，这时用户需要单击层左边的锁定按钮将其解锁。

2.3.4　保存与备份项目

如果需要保存项目，使用菜单命令"文件 > 保存"。

如果需要将项目保存为一个以自动顺序命名的副本，使用菜单命令"文件 > 增量保存"，或快捷键"Ctrl+Alt+Shift+S"。如果以"增量保存"方式保存项目，当前项目的一个副本会保存在当前项目所在的文件夹中，并以原始项目名称之后的数值来命名。如果原始项目已经是数值的最末尾数字，那么项目副本的名称会标记为1。

如果希望将项目副本存储于不同的位置并自主命名，使用菜单命令"文件 > 另存为"。如果以"另存为"方式存储项目，在 After Effects 中开启的项目会转为另存的项目，项目中的所有源文件都没有发生任何改变。

如果希望将项目作为 XML 项目的副本，使用菜单命令"文件 > 将副本另存为 XML"。

如果希望将项目副本存储于不同的位置并自主命名，使用菜单命令"文件 > 保存副本"。以"保存副本"方式存储项目，在 After Effects 中开启的项目还是原始开启的项目，项目中的所有源文件都没有发生任何改变。

如果希望 After Effects 可以在编辑的过程中自动保存多个项目副本，使用菜单命令"编辑 > 首选项 > 自动保存"，选中"自动保存项目"参数（见图 2-3-3）。

图 2-3-3

如果开启了"自动保存项目"，After Effects 项目所在的文件夹会多出一个名为"AutoSave"的文件夹，自动保存的项目文件就在这个文件夹中。自动保存的文件名基于原始的项目名称，After Effects 会添加"Auto Save N（N 代表保存的第几个项目版本）"。每间隔多长时间保存项目或最多可以保留几个项目都可以在"首选项"模块中设置。当保存的项目超过设置的最多项目数量时，After Effects 新保存的项目会自动将前面建立的项目替换。

2.3.5　项目时间显示

1. 时间显示方式

After Effects 中很多的元素都牵扯到时间单位显示问题，比如层的入出点、素材或合成时间等。这些时间单位的表示方式可在项目设置中进行设定。

　　默认情况下，After Effects 以电视中使用的时码（Timecode）方式显示，一个典型的时码表示为"00：00：00：00"，分别代表时、分、秒、帧。用户可以将显示系统设置为其他的系统，比如"帧"或"英尺数和帧数"这种 6 mm 或 35 mm 胶片使用的表示方式。视频编辑工作站经常使用 SMPTE（Society of Motion Picture and Television Engineers）时码作为标准时间表示方式。如果用户为电视创作影像，大部分情况下使用默认的时码显示方式就可以了。

　　用户有时可能需要选择"英尺数和帧数"方式显示时间，例如需要将编辑的影片输出到胶片上；如果用户需要继续在诸如 Flash 这样以帧为单位的动画软件中编辑项目，那么可能需要设置当前项目以帧为单位显示。

　　💡 改变时间显示方式并不会影响最终影片在输出时的帧速率，只会改变在 After Effects 中的时间显示单位。

2. 修改方法

　　按住"Ctrl"键，单击当前合成的时间轴左上角的时间显示，可以在时码、帧、英尺数和帧数之间循环切换。

　　使用菜单命令"文件 > 项目设置"，在弹出的对话框中选择需要的时间显示方式即可（见图 2-3-4）。

图 2-3-4

2.4 合成详解

2.4.1 认识合成

　　合成是影片创作中非常关键的概念。一个典型的合成包含多个层，这些层可以是视频，也可以是音频素材项，还可以包含动画文本或图像，以及静帧图片或光效。那么素材与层究竟是什么关系呢？用户可以向一个合成中添加素材，这个素材就称为"层"。在合成中用户可以对层的状态或空间关系进行操作，或者对层出现的时间进行设置。从一个空合成开始，设计师一层一层地组织层关系，上层会遮挡住下层，最终完成整个影片。图 2-4-1（a）所示为在 Project 面板中的合成，图 2-4-1（b）所示为在合成面板中预览到的合成效果，图 2-4-1（c）所示为当前合成中所有的层在时间轴面板上的遮挡关系。

（a）

（b）

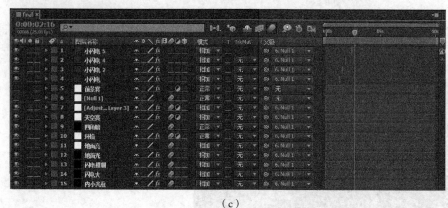

（c）

图 2-4-1

当合成创建完毕后，用户可以将该合成通过 After Effects 的输出模块进行输出操作，并可以选择任意需要的格式。

一个简单的项目可能只包含一个合成，而一个复杂的项目可能会包含数以百计的合成，这时用户需要组织大量的素材和完成庞大的特效编辑操作。

合成和素材一起排列在项目面板中，用户可以使用鼠标双击素材来预览它，也可以双击合成来开启它，开启的合成拥有自己的时间轴和层。

2.4.2 创建新合成

After Effects 开启后会自动建立一个项目，在任何时候用户都可以建立一个新合成。在建立合成之前，用户需要了解画幅大小、像素比、帧速率等重要概念，否则会影响用户最终的输出结果。当然，用户也可以在最终输出的时候通过渲染设置来改变这些参数。

当用户创建了一个合成并修改了默认合成的参数之后，还可以随时再建立的新合成。

1. 创建与手动设置一个合成

使用菜单命令"合成 > 新建合成"，或快捷键"Ctrl+N"。

2. 由一个文件创建新合成

将项目面板中的素材拖曳到项目面板底部的"创建新合成"按钮上，可以根据这个素材的时间长度、大小、像素比等参数建立一个新的合成。

也可以选择项目面板中的某个素材，使用菜单命令"文件 > 基于所选项新建合成"。

3. 由多个文件创建新合成

（1）在项目面板中选择素材。

（2）将选择的素材拖拽到项目面板底部的"创建新合成"按钮上或使用菜单命令"文件 > 基于所选项新建合成"，这时会弹出一个对话框（见图 2-4-2）。

图 2-4-2

（3）选中"单个合成"，可以确保建立一个合成。"基于所选项新建合成"对话框中的其他参数如下。

· 使用尺寸来自：由何素材创建。选择以哪一个素材的像素比、大小等参数建立合成。

· 静止持续时间: 静帧持续时间。图片素材在合成中的持续时间长度。

· 添加到渲染队列: 添加到渲染队列。添加新合成到渲染队列。

· 序列图层、重叠、持续时间、过渡: 层排序、层叠加、长度设置、转场设置。将层在时间轴上进行排序，并可以对它们的首尾设置交叠时间与转场效果。

4. 通过复制创建新合成

(1) 在项目面板中选择需要复制的合成。

(2) 使用菜单命令"编辑 > 复制"或快捷键"Ctrl+D"。

5. 合成参数设置

无论用以上任何一种方法建立合成，或后面章节中提到的合成修改，修改合成的参数都在"合成设置"对话框中（见图 2-4-3）。

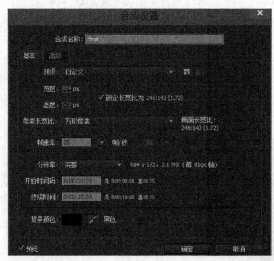

图 2-4-3

· 预设: 系统提供了很多标准的电影、电视或网络视频的尺寸，用户可以根据自己的需要选择视频标准。中国电视使用 PAL 制，如果需要为中国电视制作影片，选择"PAL D1/DV"。用户可以单击 按钮将自定义的合成规格保存，或者单击 按钮将不使用的合成规格删除。

· 宽度 /高度: 合成的水平像素数量与垂直像素数量。这个像素数量决定了影片的精度，数量越多，影片越精细。如果勾选"锁定长宽比"，可以将宽高比例锁定。PAL 制标准文件大小为水平 720 像素、垂直 576 像素。

· 像素长宽比: 这个参数可以影响影片的画幅大小。视频与平面图片不一样，尤其是电视规格的视频，基本没有正方形的像素，所以导致画面的大小与比例不能按照水平或垂直的像素数量计算。

比如 4 : 3 画面比例的 PAL 制是 720 像素 × 576 像素，像素比为 1.09，而 PAL 制 16 : 9 宽屏的像素数量也是 720 像素 × 576 像素，但是像素比为 1.422。

由于显示器的像素比都是 1.0，所以在预览影片的时候可能会产生变形。在合成面板的底部有一个像素比矫正按钮 ▣，启用该按钮可以模拟当前合成在其适合设备上播放的正常显示状态。

· 帧速率 : 帧速。视频是由静帧图片快速切换而产生的运动假象，这利用了人眼的视觉暂留特性。每秒切换的帧数越多，画面越流畅。不同的视频帧数都有其特定的规格，PAL 制为 25 帧 /s。在设置的时候帧数要在 12 以上，才能保证影片基本流畅。

· 分辨率 : 设置合成的显示精度。完整，最高质量；二分之一，一半质量；三分之一，1/3 质量；四分之一，1/4 质量。质量越高，画质越好，渲染速度越慢。

· 开始时间码 : 一般设置为默认的即可，即影片从 0 帧开始计算时间，这样比较符合一般的编辑习惯。

· 持续时间 : 设定合成持续时间，也就是影片长度。

2.4.3 合成设置

用户可以在合成设置对话框中对合成进行手动设置，也可以选择一个自动建立的合成，并根据需要对这个合成的大小、像素比、帧速率等进行单独调整。用户还可以将经常使用的合成类型保存起来作为预设，方便以后调用。

💡 一个合成最长时间不能超过 3 小时，用户可以在合成中使用超过 3 小时的素材，但是超过 3 小时的部分将不被显示在合成中。After Effects 最大可以建立 30 000 像素 × 30 000 像素的合成，而一个无损的 30 000 像素 × 30 000 像素的 8 位图像大约有 3.5GB 的大小，因此，用户最终建立的合成的大小往往取决于用户的操作系统或可用内存。

如果需要对打开的合成进行修改，可执行以下操作。

· 在项目面板中选择一个合成（或这个合成已经在合成面板和时间轴面板中打开），使用菜单命令"合成 > 合成设置"，或使用快捷键"Ctrl+K"。

· 用鼠标右键单击项目面板中的合成，在弹出式菜单中选择"合成设置"。

· 如果希望保存自定义的合成设置，比如修改的宽度、高度、像素比、帧速率等信息，可以在打开的"合成设置"对话框中单击"新建"按钮，将自定义的合成保存。

· 如果希望删除一个合成预设，可打开"合成设置"对话框，选择用户希望删除的合成预设，按"Delete"键。

· 如果需要使整个合成与层统一缩放，使用菜单命令"文件 > 脚本 > Scale Composition.jsx"脚本文件。

2.4.4 合成预览

1. 缩放合成

· 激活合成面板，选择缩放工具，在合成面板上单击可以放大合成；按住"Alt"键的同时单击可以缩小合成。

· 使用快捷键"Ctrl++"可以放大合成；使用快捷键"Ctrl+ –"可以缩小合成。

· 用鼠标滚轮也可以放大或缩小合成。

💡 合成的显示大小会发生改变，但合成的实际大小不会发生改变。

2. 移动观察合成

按空格键或激活工具箱上的抓手工具 🖐️ ，在合成面板中拖拽可以移动观察合成。

3. 目标区域

目标区域是合成、层或素材的渲染区域，创建一个小的目标区域可以让渲染更快速和高效，同时会占用更少的内存和 CPU 资源，还可以增加渲染的总时间。更改目标区域并不影响最终输出，用户更改的仅仅是渲染区域，而没有对合成进行任何的改动（见图 2-4-4）。

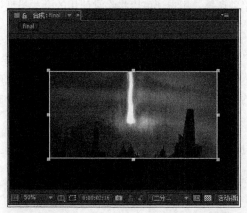

图 2-4-4

💡 当目标区域被选中时，信息面板会显示出目标区域的顶、左、底和右 4 个角点在合成中的位置数据。

· 单击合成面板底部的"目标区域"按钮📖可以绘制目标区域，在图层与素材面板的底部也有相同的按钮。

· 如果需要重新绘制目标区域，在按住"Alt"键的同时单击"目标区域"按钮即可。

·如果需要在目标区域显示与合成显示之间进行切换，单击"目标区域"按钮 ▣ 即可。

·如果需要修改目标区域大小，拖曳目标区域边缘即可。按住"Shift"键的同时拖曳目标区域角点，可以等比缩放目标区域。

4. 设置合成的背景色

默认情况下，After Effects 会以黑色来表示合成的透明背景，但是用户可以对它进行修改。使用菜单命令"合成 > 合成设置"，在弹出的对话框中找到最下方"背景色"参数，单击拾色器可以选择用户需要的颜色。

💡当用户将一个合成嵌套到另一个合成中的时候，这个合成的背景色会自动变为透明方式显示。如果需要保持当前合成的背景色，可以在当前合成的底部建立一个与合成背景色相同颜色的固态层。

5. 合成缩略图显示

用户可以选择合成中的任何一帧作为合成在项目面板中的缩略图。默认情况下，缩略图显示的是合成的第一帧，如果第一帧透明则会以黑色显示（见图 2-4-5）。

图 2-4-5

·如果需要对缩略图进行设置，首先双击打开当前合成的时间轴面板，并移动"当前时间指示器"到用户需要设置的图像，然后使用菜单命令"合成 > 设置海报时间"。

·如果需要添加透明网格到缩略图，可以展开项目面板右上角的弹出式菜单，并使用菜单命令"缩览透明网格"。

·如果需要在项目面板中隐藏略缩图，可使用菜单命令"编辑 > 首选项 > 显示"，然后选择"在项目面板中禁用缩览图"。

2.4.5 合成嵌套

一个复杂的项目文件中往往有很多合成（见图 2-4-6），最终输出的时候一般只有一个合成，也就是最终合成需要输出。这些合成之间有怎样的关系？它们是如何协调工作的呢？

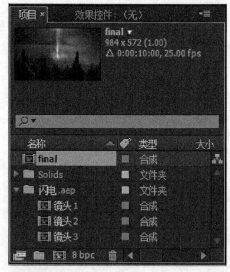

图 2-4-6

当用户需要组织一个复杂的项目时，会发现通过"嵌套"的方式来组织合成是非常方便和高效的。嵌套就是将一个或多个合成作为素材放置到另外一个合成中。

用户也可以将一个或多个层选中，通过预合成菜单命令创建一个由这些层组成的合成。如果用户已经编辑完成了某些层，可以对这些层进行预合成操作，并可对这个合成进行预渲染，然后将该合成替换为渲染后的文件，以节省渲染时间，提高编辑效率。

预合成后，层会包含在一个新的合成中，这个合成会作为一个层存在于原始合成中（见图 2-4-7 和图 2-4-8）。

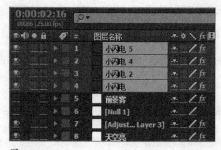

图 2-4-7

图 2-4-8

　　预合成和嵌套在组织复杂项目的时候是非常高效的，在对层进行预合成与嵌套后，用户可以进行以下操作。

1. 对合成进行整体的编辑操作

　　· 用户可以创建一个包含多个层的合成，并将其嵌套到一个总合成中，然后对这个嵌套到总合成中的合成进行特效和关键帧的操作，这样这个合成中的所有层就可以进行统一的操作。

　　· 用户可以创建一个包含多个层的合成，并将其拖曳到另外一个总合成中，然后可以对这个包含多层的合成根据需要进行多次复制操作。

　　· 如果用户对一个合成进行修改操作，那么所有嵌套了这个合成的合成都会受到这个修改的影响。就像改变了源素材，所有使用这个素材的合成都会发生改变一样。

　　· After Effects 的层级有渲染顺序的区别。对于一个单独的层而言，默认情况下先渲染特效，然后再渲染层的变换属性。如果用户需要在渲染特效之前先渲染变换属性（如旋转属性），可以先设置好层的旋转属性，然后对其进行预合成操作，再对这个生成的合成添加特效即可。

　　· 合成中的层拥有自身的变换属性，这是层自有的属性，例如旋转、位移等。如果用户需要对层添加一个新的变换节点，可以采用合成嵌套来完成。

　　· 举例来说，用户对一个层进行变换操作后，如果需要对其进行新的变换操作，可以对变换后的层进行预合成操作，然后对产生的合成进行新的变换操作。

　　· 由于执行预合成后的合成也作为一个层显示在原合成中，用户可以控制是否使用时间轴面板上的层开关去控制这个合成。使用菜单命令"编辑 > 首选项 > 常规"，然后选择是否激活"开关影响嵌套的合成"。

　　· 在"合成设置"对话框的"高级"选项卡中，选中"在嵌套时保留分辨率"或"在嵌套时或在渲染队列中，保留帧速率"，可以在合成嵌套的时候保持原合成的分辨率和帧速不发生改变。例如，如果需要使用一个比较低的帧速创建一个抽帧动画，用户可以通过对一个合成设置一个比较低的帧速，然后将其嵌套到一个比较高的帧速的合成中来完成这种效果的制作。当然，也可以通过"色调分离时间"特效来完成这种效果。

2. 创建预合成

　　选择时间轴上需要合成的多个层（按住"Shift"键可以多选），使用菜单命令"层 > 预合成"或快捷键"Ctrl+Shift+C"，可以对层进行预合成操作，在弹出的"预合成"对话框中单击"确定"按钮即可完成预合成操作（见图 2-4-9）。

　　如果选择一个层进行预合成操作，"预合成"对话框中会有多个参数被激活（见图 2-4-10），分别说明如下。

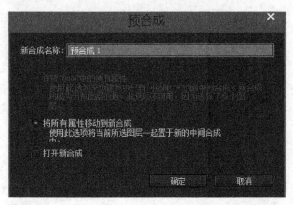

图 2-4-9

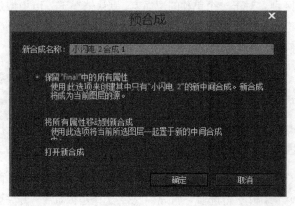

图 2-4-10

（1）保留层中的所有属性：可以将层的所有属性或关键帧动画保留在执行预合成操作得到的合成上，合成继承层的属性与动画（见图 2-4-11）。新合成的画幅大小与原始层的画幅大小相同。当用户选择多个层进行合成的时候，这个命令无法激活，因为 After Effects 无法判断将哪个层的属性保留在得到的合成上。

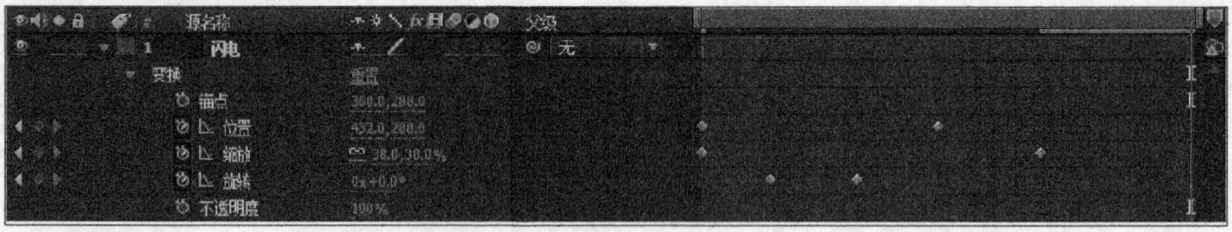

图 2-4-11

（2）将所有属性移动到新合成：将所有层的属性或关键帧动画放置到执行预合成操作得到的新合成中，合成没有任何属性变化，属性和关键帧在合成中的层上（见图 2-4-12）。如果选择这个选项，在合成中可以修改任何一个层的属性或动画。新合成的画幅大小与原合成的画幅大小相同。

图 2-4-12

3. 打开或导航合成

一个项目经常是由很多合成嵌套在一起完成的，这些合成具备相互嵌套关系。一个合成可能嵌套在另一个合成中，也可能包含很多合成，这样就牵扯到上游合成与下游合成的概念。

· 双击项目面板中的合成可以将该合成开启。

· 双击时间轴面板中嵌套的合成可以将该合成开启。由于嵌套的合成是作为层存在于一个合成中，按住"Alt"键的同时双击嵌套的合成，可以在层面板中将合成开启。

· 如果需要打开最近激活的合成，使用快捷键"Shift+Esc"。

合成导航在合成面板的上部，可以方便地选择进入该合成的上游合成或下游合成（见图 2-4-13）。

图 2-4-13

A: 当前导航位置（即当前开启的合成所在的层级）。

B: 嵌套在当前合成中的合成（即当前合成的上游合成）。

C: 当前面板的快捷菜单按钮。

D: 继续开启上游合成。

4. 迷你流程图

通过合成的迷你流程图，用户可以比较直观地观察项目中各个元素之间的关联。用户开启迷你流程图后，可以看到图 2-4-14 所示的状态，可以方便地观察整个项目的数据流。默认激活的是当前开启的合成。

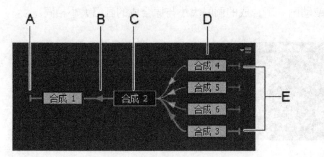

图 2-4-14

A: 最下游合成。

B: 数据流方向。

C: 当前激活的合成。

D: 当前合成的上游合成。

E: 指示其他数据流进入当前合成的上游合成。

在项目面板中选择某个合成，然后使用菜单命令"合成 > 合成和流程图"，或单击合成面板底部的流程图显示按钮。

2.4.6 时间轴面板

每个合成都有自己的时间轴面板，用户可以在时间轴面板上播放预览合成，对层的时间顺寻进行排列，并设置动画、混合模式等。可以说时间轴面板是影片编辑过程中最重要的面板（见图 2-4-15）。

图 2-4-15

时间轴面板最基本的作用是预览合成，合成当前的渲染时间就是"当前时间指示器"所在的位置，"当前时间指示器"在时间轴面板中以一条竖直红线来表示。"当前时间指示器"向的时间还标注在时间轴面板的左上角，这样可以进行更精确的控制。时间轴面板的功能模块划分如图 2-4-16 所示。

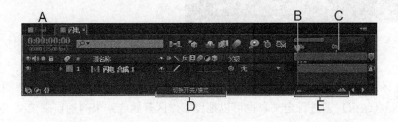

图 2-4-16

A：当前预览时间。

B：当前时间指示器。

C：时间码。

D：层开关。

E：时间单位缩放。

时间轴面板的左边是层的控制栏，右边是时间图表，其中包含时间标尺、标记、关键帧、表达式和图表编辑器等。按"\"键可以切换激活当前合成的合成面板和时间轴面板。

在时间轴面板中，拖曳"时间导航器开始"按钮或"时间导航器结束"，可以缩放时间显示（见图 2-4-17）。

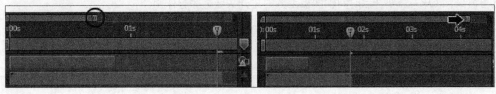

图 2-4-17

工作区是合成在编辑过程中或最终输出的过程中需要渲染的区域。在时间轴面板上，工作区以亮灰色滑块显示（见图 2-4-18）。

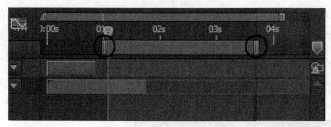

图 2-4-18

· 如果需要设置工作区开始和结束的位置，可以将"当前时间指示器"拖曳到需要设定的时间，按"B"（开始）键和"N"（结束）键进行定义。也可以拖曳工作区开始或结束的端点来定义工作区范围。

· 如果需要整体移动工作区，可以拖曳工作区中间的灰色区域，对工作区进行左右的整体移动。

· 如果需要将工作区的长度设置为整个合成的长度，可双击工作区中间的灰色区域。

时间轴面板上有很多功能按钮，其功能分别如下。

· ◉ （视频开关）：设置视频是否启用。

· ◄ （音频开关）：设置音频是否启用。

· ○ （独奏开关）：单击后仅显示当前层，其他所有层全部隐藏；也可单击打开多层的开关，从而显示指定层。

· 🔒 （锁定开关）：单击可锁定当前层，锁定的层不可以修改，但是可以渲染。该开关主要用来避免误操作。

· ✿ （消隐开关）：可将该层在时间轴上隐藏，以节省时间轴空间。该开关不影响层在合成中预览与渲染；该开关需要开启时间轴面板上方的总开关 🔳 才起作用。

· ✳ （卷展开关）：当层为嵌套的合成或矢量层时起作用。例如对于 AI 矢量文件，激活该开关可读取矢量信息，放大不失真。

· ╱ （质量和采样开关）：设置当前层的渲染质量。该开关有两个子开关，分别代表低质量 ╲ 与高质量 ╱ 渲染，单击可在这两个开关之间进行切换。

· 𝒇𝓍 （效果开关）：激活该开关，层可渲染特效，未激活则层中所有添加的特效都不被渲染。

· ▦ （帧混合与像素混合开关）：激活后可对慢放的视频进行帧融合处理。单击可在帧融合与像素融合之间切换，像素融合质量越高，渲染速度越慢。该开关需要开启时间轴面板上方的总开关 ⬚ 才起作用。

· ⬤（运动模糊开关）：激活后可允许运动模糊；该开关需要开启时间轴面板上方的总开关 ⬤ 才起作用。

· ⬤（调整图层开关）：普通层激活后可转化为调整层使用，调整层取消激活则转化为普通的 Solo 层。

· ⬢（3D 图层开关）：激活后可将普通层转化为 3D 层。

导入与组织素材

学习要点:

- 了解 After Effects 支持的文件类型
- 掌握各种文件格式的导入方法
- 掌握素材的组织与管理方法
- 认识与使用代理

3.1　After Effects 支持的素材类型详解

　　合成的编辑基于层，而层的源素材可以通过 After Effects 建立，也可以由外部导入。编辑到时间轴上的素材称之为层。一个素材可以多次编辑到时间轴上，为多个层提供源素材。

　　素材的导入和组织是在项目面板中进行的。After Effects 支持导入多种格式的素材，包括大部分视频素材、静帧图片、帧序列和音频素材等。用户也可以使用 After Effects 创建新素材，比如建立固态层或预合成层。用户可以在任何时候将项目面板中的素材编辑到时间轴上。

3.1.1　音频格式

- Adobe Sound Document: Adobe 音频文档，可以直接作为音频文件导入到 After Effects 中。

- Advanced Audio Coding（AAC、M4A）：高级音频编码，苹果平台的标准音频格式，可在压缩的同时提供较高的音频质量。

- Audio Interchange File Format（AIF、AIFF）：苹果平台的标准音频格式，需要安装 Quick Time 播放器才能够被 After Effects 导入。

- MP3（MP3、MPEG、MPG、MPA、MPE）：是一种有损音频压缩编码，在高压缩的同时可以保证较高的质量。

- Waveform（WAV）：PC 平台的标准音频格式，高质量，基本无损，是音频编辑的高质量保存格式。

3.1.2　图片格式

· Adobe Illustrator（AI）：Adobe Illustrator 创建的文件，支持分层与透明。可以直接导入到 After Effects 中，并可包含矢量信息，可实现无损放大，是 After Effects 最重要的矢量编辑格式。

· Adobe PDF（PDF）：Adobe Acrobat 创建的文件，是跨平台高质量的文档格式，可以导入指定页到 After Effects 中。

· Adobe Photoshop（PSD）：Adobe Photoshop 创建的文件，与 After Effects 高度兼容，是 After Effects 最重要的像素图像格式，支持分层与透明，并可在 After Effects 中直接编辑图层样式等信息。

· Bitmap（BMP、RLE、DIB）：Windows 位图格式，高质量，基本无损。

· Camera Raw（TIF、CRW、NEF、RAF、ORF、MRW、DCR、MOS、RAW、PEF、SRF、DNG、X3F、CR2、ERF）：数码相机的原数据文件，可以记录曝光、白平衡等信息，可在数码软件中进行无损调节。

· Cineon（CIN、DPX）：将电影转化为数字格式的一种文件格式，支持 32bpc。

· Discreet RLA/RPF（RLA、RPF）：由 3D 软件产生，是用于三维软件和后期合成软件之间的数据交换格式。可以包含三维软件的 ID 信息、Z Depth 信息、法线信息，甚至摄影机信息。

· EPS：是一种封装的 PostScript 描述性语言文件格式，可以同时包含矢量或位图图像，基本被所有的图形图像或排版软件所支持。After Effects 可以直接导入 EPS 文件，并可保留其矢量信息。

· GIF：低质量的高压缩图像，支持 256 色，支持动画和透明，由于质量比较差，很少用于视频编辑。

· JPEG（JPG、JPE）：静态图像有损压缩格式，可提供很高的压缩比，画面质量有一定损失，应用非常广泛。

· Maya Camera Data（MA）：Maya 软件创建的文件格式，包含 Maya 摄影机信息。

· Maya IFF（IFF、TDI；16 bpc）：Maya 渲染的图像格式，支持 16bpc。

· OpenEXR（EXR；32 bpc）：高动态范围图像，支持 32bpc。

· PCX：PC 上第一个成为位图文件存储标准的文件格式。

· PICT（PCT）：苹果电脑上常用的图像文件格式之一，同时可以在 Windows 平台下编辑。

· Pixar（PXR）：工作站图像格式，支持灰度图像和 RGB 图像。

- Portable Network Graphics（PNG；16 bpc）：跨平台格式，支持高压缩和透明信息。

- Radiance（HDR、RGBE、XYZE；32 bpc）：一种高动态范围图像，支持 32 bpc。

- SGI（SGI、BW、RGB；16 bpc）：SGI 平台的图像文件格式。

- Softimage（PIC）：三维软件 Softimage 输出的可以包含 3D 信息的文件格式。

- Targa（TGA、VDA、ICB、VST）：视频图像存储的标准图像序列格式，高质量、高兼容，支持透明信息。

- TIFF（TIF）：高质量文件格式，支持 RGB 或 CMYK，可以直接出图印刷。

  ♀ 以上图片格式可以输出为以图像序列存储的视频文件。

3.1.3　视频文件

- Animated GIF（GIF）：GIF 动画图像格式。

- DV（in MOV or AVI container, or as containerless DV stream）：标准电视制式文件，提供标准的画幅大小、场、像素比等设置，可直接输出电视制式匹配画面。

- Electric Image（IMG、EI）：软件产生的动画文件。

- Filmstrip（FLM）：Adobe 公司推出的一种胶片格式。该格式以图像序列方式存储，文件较大，高质量。

- FLV、F4V：FLV 文件包含视频和音频数据，一般视频使用 On2 VP6 或 Sorenson Spark 编码，音频使用 MP3 编码。F4V 格式的视频使用 H.264 编码，音频使用 AAC 编码。

- Media eXchange Format（MXF）：是一种视频格式容器，After Effects 仅仅支持某些编码类型的 MXF 文件。

- MPEG-1、MPEG-2 和 MPEG-4 formats（MPEG、MPE、MPG、M2V、MPA、MP2、M2A、MPV、M2P、M2T、AC3、MP4、M4V、M4A）：MPEG 压缩标准是针对动态影像设计的，基本算法是在单位时间内分模块采集某一帧的信息，然后只记录其余帧相对前面记录的帧信息中变化的部分，从而提供高压缩比。

- Open Media Framework（OMF）：AVID 数字平台下的标准视频文件格式。

- QuickTime（MOV）：苹果平台下的标准视频格式，多个平台支持，是主流的视频编辑输出格式。需要安装 Quicktime 才能识别该格式。

- SWF：Flash 创建的标准文件格式，导入到 After Effects 中会包含 Alpha 通道的透明信息，但不能将脚本产生的交互动画导入到 After Effects 中。

· Video for Windows（AVI、WAV）：标准 Windows 平台下的视频与音频格式，提供不同的压缩比，通过选择不同编码可以实现视频的高质量或高压缩。

· Windows Media File（WMV、WMA、ASF）：Windows 平台下的视频、音频格式，支持高压缩，一般用于网络传播。

· XDCAM HD 和 XDCAM EX：Sony 高清格式，After Effects 支持导入以 MXF 格式存储压缩的文件。

3.2 导入素材

After Effects 提供了多种导入素材的方法，素材导入后会显示在项目面板中。

3.2.1 基本素材导入方式

使用菜单命令"文件 > 导入 > 文件"，会弹出"导入文件"对话框，每次操作可以导入单个素材（见图 3-2-1）。

使用菜单命令"文件 > 导入 > 多个文件"，会弹出"导入多个文件"对话框，导入素材后对话框不消失，可以继续导入多个素材。

图 3-2-1

3.2.2 导入 PSD

PSD 素材是重要的图片素材之一，是由 Photoshop 软件创建的。使用 PSD 文件进行编辑有非常重要的优势：高兼容，支持分层和透明。

导入 PSD 素材的方法与导入普通素材的方法相同，如果该 PSD 文件包含多个图层，会弹出解释 PSD 素材的对话框。"导入类型"参数下有 3 种导入方式可选，分别为素材、合成、合成 - 保持图层大小（见图 3-2-2）。

图 3-2-2

（1）素材：以素材方式导入 PSD 文件，可设置合并 PSD 文件或选择导入 PSD 文件中的某一层（见图 3-2-3）。

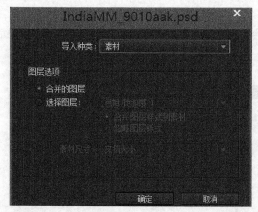

图 3-2-3

· 合并的图层：选中该选项可将所有层合并，作为一个素材导入。

· 选择图层：选中该选项可将指定层导入，每次仅可导入一层。

· 合并图层样式到素材：将 PSD 文件中层的图层样式应用到层，在 After Effects 中不可通过图层样式的命令进行更改。

· 忽略层样式：忽略掉 PSD 文件中的图层样式，只导入原始层。

· 素材尺寸：可选择"文档大小"（即 PSD 中的层大小与文档大小相同），或"图层大小"（即每个层都以本层有像素区域的边缘作为导入素材的大小）。

（2）合成：将分层 PSD 文件作为合成导入到 After Effects 中（见图 3-2-4），合成中的层遮挡顺序与 PSD 在 Photoshop 中的相同。

· 可编辑的图层样式：Photoshop 中的图层样式在 After Effects 中可直接进行编辑，即保留样式的原始属性。

· 合并图层样式到素材：即图层样式不能在 After Effects 中编辑，但可加快层的渲染速度。

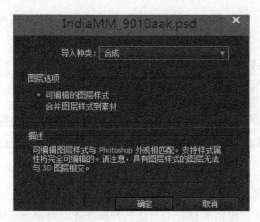

图 3-2-4

（3）合成—保持图层大小：与"合成"方式基本相同，只是使用"合成"方式导入时，PSD 中所有的层大小与文档大小相同，而使用"合成—保持图层大小"方式导入时，每个层都以本层有像素区域的边缘作为导入素材的大小。无论用这两种方式中的哪一种导入 PSD 文件，都会在项目面板中出现一个以 PSD 文件名称命名的合成和一个同名文件夹，展开该文件夹可以看到 PSD 文件的所有层（见图 3-2-5）。

图 3-2-5

3.2.3 导入带通道的 TGA 序列

运动的画面是通过快速播放一些静帧来模拟的，利用人眼的视觉暂留特性，从而感知为视频。比如，电影是 24 格每秒，就是每秒播放 24 张画面。对于电视而言，PAL 制为 25 帧 / 秒（Frame Per

Second)，NTSC 制为 29.97 帧 /s。

"序列"是一种存储视频的方式。在存储视频的时候，经常将音频和视频分别存储为单独的文件，以便于再次进行组织和编辑。视频文件经常会将每一帧存储为单独的图片文件，需要再次编辑的时候再将其以视频方式导入进来。这些图片称为图像序列。

很多文件格式都可以作为序列来存储，比如 JPEG、BMP 等。一般存储为 TGA 序列。相比其他格式，TGA 是最重要的序列格式，它包含以下优点。

（1）高质量：基本可以做到无损输出。

（2）高兼容：被大部分软件支持，是跨软件编辑影片最重要的输出格式。

（3）支持透明：支持 Alpha 通道信息，可以输出并保存透明区域。

在 Photoshop 中，Alpha 通道是一种用户建立的通道，用于存储选区，而在视频软件（不仅限于 After Effects）中，Alpha 通道代表图像的透明信息。仅有特定的格式可支持图像的透明信息，因此只有这些格式可支持存储 Alpha 通道。

Alpha 通道在视频存储中与 R、G、B 色彩通道一起构成了视频的 4 个通道，在 32 位图像中（每通道 8 位），以 0 ～ 255 共 256 级灰阶代表 Alpha 通道的亮度，对应于图片或视频的透明度。0 代表纯黑，也就是完全透明；255 代表纯白，也就是完全不透明；其余灰阶代表各个等级的半透明。

Alpha 通道主要有两种：直接 - 无遮罩型与预乘 - 有彩色遮罩型。直接 - 无遮罩型可以将透明信息存储于独立的 Alpha 通道中，即无蒙版通道，这种模式可以得到干净的去背效果；预乘 - 有彩色遮罩型将图像的透明信息除了存储于 Alpha 通道之外，还存储于 R、G、B 色彩通道中，因此该模式是带背景蒙版通道。直接 - 无遮罩型通道可用于高精度合成，而预乘 - 有彩色遮罩型通道更有利于与其他应用程序兼容。

拍摄的视频是没有带通道的，通道都是软件中抠像的结果。

预乘 - 有彩色遮罩型需要对蒙版色进行正确指定，否则不能得到正确的边缘结果（见图 3-2-6）。如通道被错误解释，可能会出现着色边缘，正确解释则边缘消失。

图 3-2-6

在导入 TGA 序列时，如需要将图像序列作为视频格式导入到 After Effects 中，需要选择任何一帧素材，并将"导入文件"对话框下方的"Targa 序列"选项勾选即可（见图 3-2-7）。

如果 TGA 序列包含通道信息，则会弹出"解释素材"对话框，可对通道类型进行解释。一般将其解释为该素材在输出时设置的通道。如不了解该通道类型，可单击"猜测"按钮对通道进行猜测处理（见图 3-2-8）。

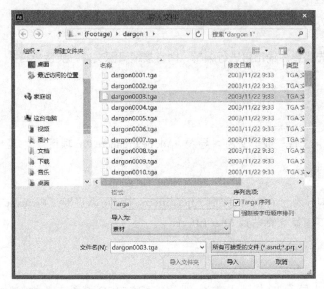

图 3-2-7

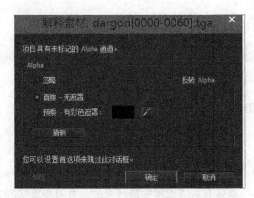

图 3-2-8

3.2.4 在 Premiere 中进行采集

Adobe CC 系列软件可以进行无缝结合，在 After Effects 的编辑过程中如果需要导入磁带上的素材，可以调用 Premiere 的采集模块进行素材采集的操作。使用菜单命令"文件 > 导入 > 使用 Adobe

Premiere 采集",可以调出 Premiere 进行采集。

3.2.5 导入 Premiere 项目

在 After Effects 中可以直接导入 Premiere 的项目文件,导入的文件会在项目面板中以合成的方式显示,After Effects 项目面板中的影片组织结构与 Premiere 相同。Premiere 中所有的剪辑素材会作为层显示在 After Effects 的时间轴面板上。

这样编辑有以下两个明显的好处。

· 高质量,不需要在 Premiere 中先将影片输出再进行编辑,而直接编辑源文件,质量最高。

· 高效率,节省了输出的时间。

可以使用如下方法进行导入。

(1)使用菜单命令"文件 > 导入 > 文件"或"文件 > 导入 >Adobe Premiere Pro 项目"。

(2)选择一个项目,单击"OK"按钮。

💡 如果仅仅需要从 Premiere Pro 中导入一个单一元素到 After Effects 中,可以直接在 Premiere Pro 中将该元素复制,然后使用菜单命令"遍及 > 粘贴到 After Effects"。

3.2.6 PSD 文件中的 3D 层

Adobe Photoshop 可以从三维软件中导入 3D 模型或建立一些比较基本的 3D 模型。这些模型如果需要设置动画,需要导入到 After Effects 中进行编辑。

Adobe Photoshop 中两种主要的 3D 编辑类型如下。

(1)Adobe Photoshop 暂时支持导入以下几种 3D 文件格式: .3ds(3ds Max)、After Effects(Digital Asset Exchange)、.kmz(Google Earth)、.obj(通用 3D 项目格式)、.u3d(Universal 3D)。

(2)Adobe Photoshop 可以使用"3D"菜单中的命令建立和编辑 3D 模型。

导入到 After Effects 中的方法如下。

(1)在 Adobe Photoshop 中将带有 3D 信息的文件存储为 PSD 格式。

(2)在 After Effects 中导入 PSD 文件。3D 物体可直接在合成面板中进行合成,并具备真实的 3D 空间属性(见图 3-2-9)。

图 3-2-9

3.2.7 导入并使用其他软件生成的 3D 文件

After Effects 可以导入 3D 图像文件，这些文件可能以 Softimage PIC、RLA、RPF、OpenEXR 或 Electric Image EI 文件格式存储。这些 3D 图像文件包含红、绿、蓝 3 个色彩通道与 Alpha 透明通道，还包含一些辅助的比如 Z 通道、物体 ID、贴图坐标等信息，这些信息可以被 After Effects 识别并正确导入。

这些元素的导入功能都在 After Effects 的"特效 > 3D 通道"菜单中。

3.2.8 导入 RLA 或 RPF 文件

After Effects 可以与三维软件结合使用。可以用三维软件创建真实的立体空间与穿梭运动，然后在 After Effects 中合成视频或平面贴图。摄影机需要严格匹配。

After Effects 可以导入存储为 RLA 或 RPF 序列的摄影机信息文件。导入的数据会合并到摄影机层中，这些摄影机在时间轴面板中创建。

使用菜单命令"动画 > 关键帧辅助 > RPF 摄像机导入"，可以导入 RLA 或 RPF 文件。

3.2.9 导入 Camera Raw 格式

用户可以在 After Effects 中导入 Camera Raw 图像序列。

Camera Raw 是一种无损的图像格式。Camera Raw 文件包含无损的曝光信息，是利用数字摄影机创建的。Camera Raw 文件与压缩的 JPEG 等图片格式不同，它包含了图片拍摄时的一些基本信息，比如曝光值或白平衡等。用户可以直接调整这些基本的拍摄信息数据，这对画面来说是无损的。使用菜单命令"文件 > 导入 > 文件"，选择需要编辑的 Camera Raw 文件，如果 Camera Raw 文件正确，会弹出"Camera Raw"对话框（见图 3-2-11）。用户可以在该对话框中对图像进行快速校准和编辑操作，这些操作对影片是无损的。

如果编辑完成后需要再次对其进行修改，可以在项目面板中选中素材，使用菜单命令"文件 > 解释素材 > 主要"，在弹出的对话框中单击底部的"更多设置"按钮，会再次弹出"Camera Raw"对话框。这种编辑方式对导入的单帧 Camera Raw 格式同样适用。

图 3-2-10

3.3 管理素材

项目面板中的素材为指向硬盘文件的快捷方式链接，修改素材的显示方式并不会对硬盘中的素材产生影响。在影片创建过程中需要导入和编辑大量的素材，素材管理具有非常重要的辅助作用。

3.3.1 组织素材

项目面板提供了素材组织功能，单击项目面板底部的"新建文件夹"按钮 ▣，可建立一个文件夹。用户可通过拖曳的方式将素材放入文件夹中，或将文件夹放入文件夹中，从而使编辑工作更加有条理（见图 3-3-1）。

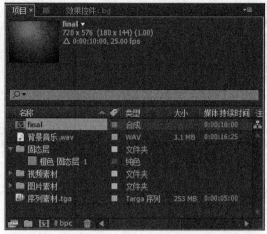

图 3-3-1

3.3.2 替换素材

1. 重新载入素材

在编辑过程中有时需要替换正在编辑的素材，但即使将硬盘文件替换为新文件，如果不重新启动 After Effects，就不能在合成面板实时看到修改效果。要避免重新启动软件，可使用重新载入功能。

选择需要重新载入的素材，使用菜单命令"文件 > 重新加载素材"，可对素材进行重新载入处理。如素材发生变化，则替换为新素材。

2. 替换素材

在编辑文件的过程中或编辑完毕后，如果希望对某个素材进行更改，除了直接修改链接的硬盘文件外，也可以将素材指定为另一个硬盘文件。

选择需要替换的素材，使用菜单命令"文件 > 替换素材"，可对当前素材进行重新指定。

3.3.3 解释素材

由于视频素材有很多种规格参数，如帧速、场、像素比等。如果设置不当，在播放预览时会出现问题，这时需要对这些视频参数进行重新解释处理。

在导入素材的时候一般可进行常规参数指定，比如解释 PSD 素材；也可以在素材导入后进行重新解释处理。

单击项目面板中的素材，可以显示素材的基本信息（见图 3-3-2）。用户可根据这些信息直接判断素材是否正确解释。

图 3-3-2

使用菜单命令"文件 > 解释素材",打开"解释素材"对话框,可以对素材进行重新解释(见图 3-3-3)。利用该对话框可对素材的 Alpha 通道、帧速、场、像素比、循环、Camera Raw 等进行重新解释。

· Alpha:如果素材带 Alpha 通道,则该选项被激活。

· 忽略:忽略 Alpha 通道的透明信息,透明部分以黑色填充代替。

· 直接—无遮罩:将通道解释为直接—无遮罩型。

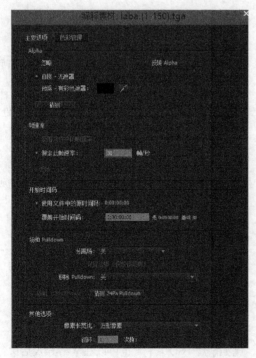

图 3-3-3

· 预乘—有彩色遮罩:将通道解释为预乘型,并可指定遮罩色彩。

· 猜测:让软件自动猜测素材所带的通道类型。

· 帧速率:仅在素材为序列图像时被激活,用于指定该序列图像的帧速,即每秒播放多少帧,如该参数解释错误，则素材播放速度会发生改变。

· 开始时间码：设置开始时码。

· 场 and Pulldown：定义场与丢帧处理。

· 分离场：解释场处理，可选"五"（无场，即逐行扫描素材）或"高场优先"（隔行扫描，上场优先素材）或"低场优先"（隔行扫描，下场优先素材）。

· 保留边缘：仅在设置素材隔行扫描时有效，可保持边缘像素整齐，以得到更好的渲染结果。

· 移除 Pulldown：设置在不同规格的视频格式间进行转换。

· 其他选项：其他的一些设置。

· 像素长宽比：像素比设置，可指定组成视频的每一帧图像的像素的宽高之比，不同的视频有不同规格的像素比。

· 循环：视频循环次数。默认情况下素材仅在 After Effects 中播放一次，在循环属性中可设置素材循环次数。比如在三维软件中创建飞鸟动画，由于渲染比较慢，一般只渲染一个循环，然后在后期软件中设置多次循环。

· 更多设置：该选项仅在素材为 Camera Raw 格式时被激活，单击该按钮可重新对 Camera Raw 信息进行设置。

3.4　代理素材

什么是代理？代理是视频编辑中的重要概念与组成元素。在编辑影片过程中，由于 CPU 与显卡等硬件资源有限，或编辑比较大的项目合成，渲染速度会非常慢。如需要加快渲染显示，提高编辑速度，可使用一个低质量素材代替编辑，这个低质量素材即为代理。代理可由几种素材构成：（1）占位符；（2）直接指定的硬盘文件，该文件可以是一个图片为代表编辑的视频，也可以是低质量的视频片段；（3）素材通过降低分辨率输出文件，该方式是最好的一种方式，既可提高渲染速度，同时预览的画面仍为原始影片。

占位符是一个静帧图片，以彩条方式显示，其原本的用途是标注丢失的素材文件。如果编辑的过程中不清楚应该选用哪个素材进行最终合成，可以暂时使用占位符来代替，在最后输出影片的时候再替换为需要的素材，以提高渲染速度。

3.4.1　占位符

占位符可以在以下两种情况下出现。

（1）若不小心删除了硬盘的素材文件，项目面板中的素材会自动替换为占位符（见图 3-4-1）。

图 3-4-1

（2）选择一个素材，使用菜单命令"文件 > 替换素材 > 占位符"，可以将素材替换为占位符。

将占位符替换为素材的方法如下。

（1）双击占位符，在弹出的对话框中指定素材。

（2）选择一个占位符，使用菜单命令"文件 > 替换素材 > 文件"，可以将占位符替换为素材。

3.4.2　设置代理

After Effects 提供了多种创建代理的方式。在影片最终输出时，代理会自动替换为原素材，所有添加在代理上的遮罩、属性、特效或关键帧动画都会原封不动地保留。

可以使用如下方法设置代理。

（1）选择需要设置代理的素材，使用菜单命令"文件 > 设置代理 > 静止图像"或"文件 > 设置代理 > 影片"，可以将素材输出为一个静帧图片或一个压缩的低质量影片。如选择"静止图像"，则输出为静帧图像；如选择"影片"，则输出 1/4 分辨率的影像。无论选择何种方式输出，都可在弹出的输出对话框中直接单击"渲染"按钮对代理进行渲染（见图 3-4-2），在输出完毕后代理会自动替换为素材（见图 3-4-3）。

图 3-4-2

图 3-4-3

（2）选择需要设置代理的素材，使用菜单命令"文件 > 设置代理 > 文件"，可以指定一个现有的素材作为当前素材的代理文件。

使用如下方法可以删除代理：选择需要清除代理的素材，使用菜单命令"文件 > 设置代理 > 无"，可以将代理清除，使素材还原为原素材。

在项目面板中，代理有 3 种显示方式（见图 3-4-4）。

代理名称

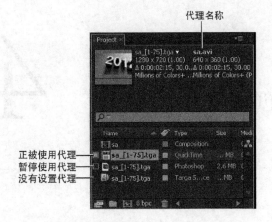

图 3-4-4

正被使用代理：该代理正被使用，合成面板中显示的是代理文件。

暂停使用代理：该代理被暂停使用，合成面板中显示的是原素材文件。

没有设置代理：素材默认的标注方式，说明该素材没有设置代理。

创建二维合成 4

学习要点：

· 掌握几种常用层的建立方法
· 掌握图层的剪辑与组织操作
· 理解并掌握父子关系、混合模式等以及层的相关操作
· 熟练使用多层组织合成场景

4.1 创建图层

在 After Effects 中有很多种图层类型，不同的类型适用于不同的操作环境。有些图层用于绘图，有些图层用于影响其他图层的效果，有些图层用于带动其他图层运动等。

在创建合成的时候，合成画面经常由多层组成，上层会将下层遮挡，上层透明的位置会将下层显示，这就是最基本的合成概念（见图 4-1-1 和图 4-1-2）。

图 4-1-1

图 4-1-2

4.1.1 由导入的素材创建层

这是一种最基本的创建层的方式。用户可以利用项目面板中的素材创建层。按住鼠标左键将素材拖曳到一个合成中，这个素材就称为"层"，用户可以对这个层进行修改操作或创建动画（见图 4-1-3）。

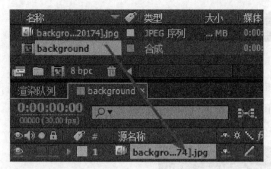

图 4-1-3

4.1.2　由剪辑的素材创建层

用户可以在 After Effects 的素材面板中剪辑一个视频素材，这个操作对于截取某一素材片段非常有用，操作步骤如下。

（1）找到项目面板中需要剪辑的素材，双击即可将该素材在素材面板中开启。如果打开的是素材播放器，按住"Alt"键，双击素材即可（见图 4-1-4）。

图 4-1-4

素材面板不仅可以预览素材，还可以设置素材的入点和出点。

（2）将时间指示标拖曳到需要设置入点的时间位置，单击"将入点设置为当前时间"按钮，可以看到入点前的素材被剪辑了（见图 4-1-5）。

图 4-1-5

（3）将时间指示标拖曳到需要设置出点的时间位置，单击"将出点设置为当前时间"按钮，可以看到出点后的素材被剪辑了。入出点之间的范围就是截取的素材范围（见图 4-1-6）。

图 4-1-6

（4）如果需要使用剪辑的素材创建一个层，可以单击素材面板底部的编辑按钮。

· 叠加编辑：单击"叠加编辑"按钮 ▄ 可在当前合成的时间轴顶部创建一个新层，入点对齐到时间轴上时间指示标所在的位置（见图 4-1-7）。

图 4-1-7

· 波纹插入编辑：单击"波纹插入"编辑按钮 ▄ 会在当前合成的时间轴顶部创建一个新层，入点对齐到时间轴上时间指示标所在的位置，同时会将其余层在入点位置切分，切分后的层对齐到新层的出点位置（见图 4-1-8）。

图 4-1-8

4.1.3 使用其他素材替换当前层

在编辑完一个影片后，如果发现另一个素材比当前层中使用的素材更能表现影片的效果，那么可以用其替换掉当前层使用的素材。

操作方法为：选择时间轴上需要替换的素材，在项目面板中按住"Alt"键的同时，拖曳新素材到时间轴面板上需要替换的素材的上方后释放鼠标左键即可。这种替换方式仅仅替换素材，层中使用的特效或动画不会发生任何改变（见图 4-1-9）。

图 4-1-9

4.1.4 创建和修改纯色层

用户可以在合成中创建一个或多个带有色彩填充的层，这个层叫纯色层。纯色层的大小不能超过 30 000 像素 ×30 000 像素，可以选择任意色彩并随时可以修改大小和色彩。建立的纯色层在项目面板中会产生一个纯色层素材，时间轴面板中也有特定图标标记纯色层（见图 4-1-10、图 4-1-11）。

图 4-1-10

图 4-1-11

纯色层具有非常重要的作用。可以作为实色填充背景或使用蒙版工具在上面绘制图形；还可以通过添加特效来实现各种效果。其使用方法与在外部导入一个实色填充层类似，只是在软件中直接产生，更快捷方便。

选择一个合成，使用菜单命令"图层 > 新建 > 纯色"，在弹出的"纯色设置"对话框中修改纯色层的大小和填充色，单击"确定"按钮即可（见图 4-1-12）。

如果需要对建立的某一个纯色层进行修改，使用菜单命令"图层 > 纯色设置"，会弹出"纯色设置"对话框，重新修改纯色层参数即可。如果需要对多个纯色层进行统一修改，可以选择多个层，按住"Ctrl"键进行多选，然后执行该命令。

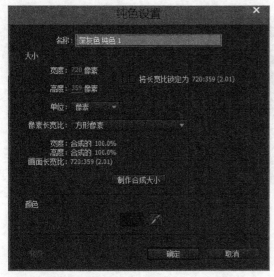

图 4-1-12

4.1.5 创建调整图层

如果用户需要应用一个特效到某一个层上，可以单击选中这个层，然后选择"效果"菜单下的特效。如果需要对某些层进行统一处理（如完成合成后需要统一调整环境色），则有两种方法来解决。可以将需要统一调整的层选中，执行预合成命令，将所有层合并，然后再添加特效。将层大量合并，会使合成的创作流程趋于复杂化，不利于观看和修改。用户也可以通过建立调整图层解决（见图 4-1-13）。

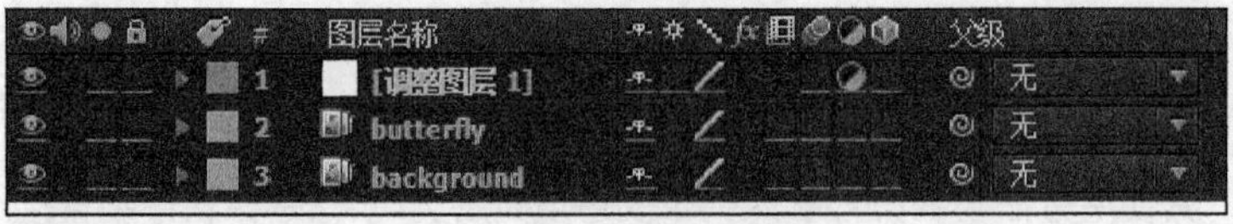

图 4-1-13

调整图层是一个空白层，默认情况下没有任何效果，需要对其添加特效以影响其他层。调整图层的作用是影响其下方所有的层（相当于将其下方所有的层全部预合成，然后统一添加特效）。

未添加调整图层的时间轴与合成（见图 4-1-14 和图 4-1-15）。

添加调整图层后的时间轴与合成，整个场景统一受到调整图层的影响（见图 4-1-16、图 4-1-17）。

图 4-1-14　　　　　　图 4-1-15

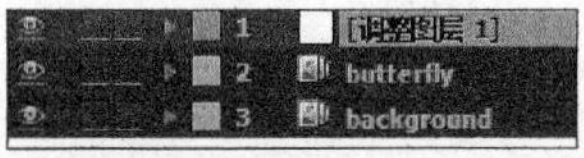

图 4-1-16　　　　　　图 4-1-17

💡 调整图层仅通过添加的特效去影响下方的其他层，为调整图层添加层动画属性不影响其他层。

使用菜单命令"图层 > 新建 > 调整图层"可以建立一个调整图层，或单击时间轴上层名称右边的调整图层开关，可直接将该层修改为调整图层（见图 4-1-18）。

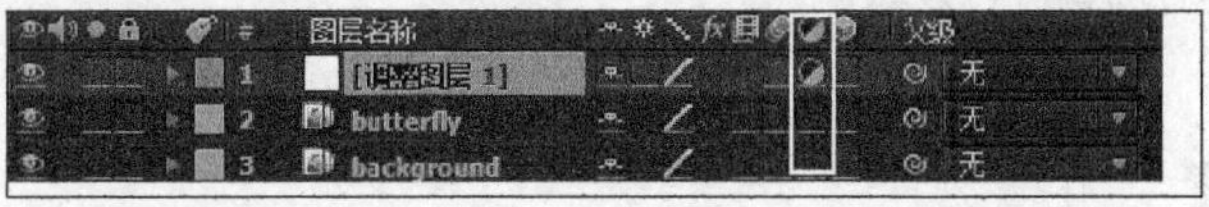

图 4-1-18

4.1.6　创建一个 Photoshop 层

如果选择创建一个 Photoshop 层，Photoshop 会自动启动并创建一个空文件，这个文件的大小与合成的大小相同，该 PSD 文件的色深也与合成相同，并会显示动作安全框和字幕安全框。

这个自动建立的 Photoshop 层会自动导入到 After Effects 的项目面板中，作为一个素材存在。任何在 Photoshop 中的编辑操作都会在 After Effects 中实时表现出来，相当于两个软件进行实时联合编辑（见图 4-1-19）。

图 4-1-19

使用菜单命令"图层 > 新建 > Adobe Photoshop 文件",新建的 Photoshop 层会显示在合成的顶部。

4.1.7 创建空对象

在编辑过程中经常需要建立空对象以带动其他层运动。在 After Effects 中可以建立空对象,空对象是一个 100 像素 ×100 像素的透明层,既看不到,也无法输出,无法像调整图层那样添加特效以编辑其他层。空对象主要是其他层父子关系或表达式的载体,即带动其他层运动(见图 4-1-20)。

图 4-1-20

选择需要添加空对象的合成,使用菜单命令"图层 > 新建 > 空对象",默认情况下空对象的锚点不在正中心,而是在左上角(锚点是层旋转与缩放的中心)。

4.1.8 创建灯光层

After Effects 中可以创建三维场景,并可对该场景设置灯光效果。灯光是 After Effects 中建立的层(见图 4-1-21),也可建立多个灯光层对场景进行复杂光照。

图 4-1-21

使用菜单命令"图层 > 新建 > 灯光",创建灯光层。

💡 合成中必须是 3D 层才能受到灯光的照射,从而产生阴影和投影效果。

4.1.9 创建摄像机层

After Effects 中可以对建立的三维场景设置摄像机动画。摄像机层与灯光层一样,需要单独建立(见图 4-1-22)。

图 4-1-22

使用菜单命令"图层 > 新建 > 摄像机",创建摄像机层。

💡 合成中必须是 3D 层才能受到摄像机的影响。

4.2 层的入出点操作

一个层由入点处出现,由出点处消失。入出点之间的时间距离就是层的长度。

4.2.1 剪辑或扩展层

直接拖曳层的入出点可以对层进行剪辑,经过剪辑的层的长度会产生变化。也可以将时间指示标拖曳到需要定义层入出点的时间位置,通过快捷键"Alt+["与"Alt+]"来定义素材的工作区。层入点有两种编辑状态(见图 4-2-1)。

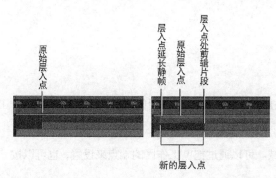

图 4-2-1

入点和出点基于层,与素材无关。如果一个素材被多个层调用,每次修改的是一个层的入点和出点,其他层不会受到影响。

也可以双击一个层,将其在层面板中开启,在层面板中也可以设置素材的入点和出点。

图片层可以随意地剪辑和扩展,视频层可以剪辑,但不可以直接扩展。因为视频层中的视频素材的长度限定了层的长度,如果为层添加了时间特效,则可以扩展视频层。

4.2.2 切分层

在编辑的过程中有时需要将一个层从时间指示标处断开为两个素材，可以使用菜单命令"编辑 > 拆分图层"（见图 4-2-2、图 4-2-3）。

图 4-2-2

图 4-2-3

使用快捷键"Alt+Shift+J"可以设置将时间指示标精确转跳到某一点，在弹出的"转到时间"对话框中，可直接输入需要转跳的帧数（见图 4-2-4）。

图 4-2-4

4.2.3 提取工作区

如果需要将层的一段素材删除，并保留该删除区域的素材所占用的时间，可以使用"提升工作区域"命令。

（1）定义时间轴的工作区，也就是删除区域。可以通过拖曳工作区的端点来设置，也可以按"B"键和"N"键来定义工作区的开始与结束。

（2）使用菜单命令"编辑 > 提升工作区域"，可以将层分为两层，工作区部分素材被删除，而留下时间空白，原始层状态（见图 4-2-5）变为提取之后的状态（见图 4-2-6）。

图 4-2-5

图 4-2-6

4.2.4 抽出工作区

如果需要将层的一段素材删除，并删除该区域素材占用的时间，可以使用"提取工作区域"命令。

（1）定义时间轴的工作区，可以通过拖曳工作区的端点来设置，也可以按"B"键和"N"键来定义工作区的开始与结束。

（2）使用菜单命令"编辑 > 提取工作区域"。提取工作区操作可以将层分为两层，工作区部分素材被删除，后面断开的素材自动跟进，与前素材对齐（见图4-2-7）。

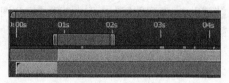

图 4-2-7

4.3 层的空间排序与时间排序

4.3.1 空间排序

如果需要对层在合成面板中的空间关系进行快速对齐操作，除了使用选择工具手动拖曳以外，还可以使用"对齐"面板对选择的层进行自动对齐和分布操作。最少选择两个层才能进行对齐操作，最少选择三个层才可以进行分布操作。

使用菜单命令"窗口 > 对齐"，可以开启对齐面板（见图4-3-1）。

图 4-3-1

· 将图层对齐到：对层进行对齐操作，从左至右依次为左对齐、垂直居中对齐、右对齐、顶对齐、水平居中对齐、底对齐。

· 分布图层：对层进行分布操作，从左至右依次为垂直居顶分布、垂直居中分布、垂直居底分布、水平居左分布、水平居中分布、水平居右分布。

在进行对齐或分布操作之前，注意要调整好各个层之间的位置关系。对齐或分布操作是基于层的位置进行对齐，而不是层在时间轴上的先后顺序。

4.3.2 时间排序

如果需要对层进行时间上的精确错位处理，除了使用选择工具手动拖曳层以外，还可以通过 After Effects 的时间排序功能自动完成。

选择需要排序的层，使用菜单命令"动画 > 关键帧辅助 > 序列图层"，可以打开"序列图层"对话框（见图 4-3-2），选中"重叠"选项可以将该对话框中的参数激活。

图 4-3-2

使用该命令的时候，有两个问题需要注意。

（1）持续时间参数指的是层的交叠时间（见图 4-3-3），在进行时间排序之前，最好统一设置层的持续时间长度。可全选需要排序的层，使用快捷键"Alt+["与"Alt+]"来定义入点和出点（见图 4-3-4）。

图 4-3-3

图 4-3-4

（2）哪个层先出现与选择的顺序有关，第一个选择的层最先出现（见图 4-3-5）。

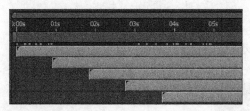

图 4-3-5

如果要在素材交叠的位置设置透明度叠化转场，可以将过渡设置为以下任意一种方式（见图 4-3-6）。

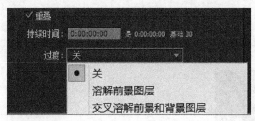

图 4-3-6

· 溶解前景动画：只在层入点处叠化（见图 4-3-7）。

图 4-3-7

· 交叉溶解前景和背景动画：在层入点和出点处叠化（见图 4-3-8）。

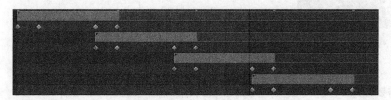

图 4-3-8

4.4 层的 5 大属性

展开一个层，在没有添加蒙版或任何特效的情况下只有一个变换属性组，这个属性组包含了一个层最重要的 5 个属性。

4.4.1　锚点

定义层旋转与缩放的中心，以二维数组（具有水平和垂直两个参数）表示（见图 4-4-1）。

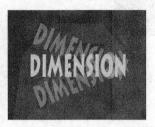

图 4-4-1

除了修改参数外，也可以通过锚点工具  直接在合成面板中拖曳层的锚点（见图 4-4-2）。

图 4-4-2

4.4.2　位置

定义层的当前位置，以二维数组表示，可以使用选择工具 直接在合成面板中拖曳层的位置（见图 4-4-3）。

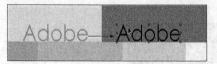

图 4-4-3

在设置位置参数时需要注意，水平与垂直方向的统一零点在合成的左上角（见图 4-4-4）。

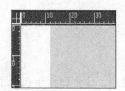

图 4-4-4

4.4.3 旋转

定义层的旋转角度，以一维数组表示。左边数据为旋转圈数，右边数据为旋转度数。对圈数的调整在制作动画的时候才能看到明显效果。可以使用旋转工具直接在合成面板中通过拖曳的方式以锚点为旋转中心旋转层（见图4-4-5）。

图 4-4-5

4.4.4 缩放

定义层的缩放大小，以二维数组表示。可以使用移动工具 直接在合成面板中拖曳层的边缘来进行缩放处理，在拖曳的同时按"Shift"键可等比缩放层（见图4-4-6）。

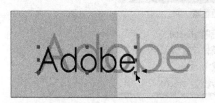

图 4-4-6

4.4.5 不透明度

不透明度，定义层的不透明程度，以一维数组表示。

其中，锚点、位置、旋转、缩放会影响层的形状，称为"变换属性"，可以被父子关系影响。

4.5 轨道遮罩

合成工作中最重要的操作是创建选区。在After Effects中创建选区主要有3种方法：遮罩、蒙版和 键控。蒙版是通过贝塞尔曲线直接绘制得到选区，遮罩是根据另一个层的亮度或透明度得到选区，键控是通过拾取画面中的特定色彩并使其透明得到选区。

4.5.1 创建轨道遮罩的基本流程

在时间轴面板上，可以通过轨道遮罩为一个层设定选区。设置轨道遮罩要注意层关系，上层为选区，下层为需要显示的画面，这两个层是一一对应的关系。一个层只能有一个选区，一个选区也只能对应一个层。

在 After Effects 的时间轴面板上可以看到"TrkMat"栏（见图 4-5-1）。如果没有"TrkMat"字样，则选中时间轴面板，按键盘上的"F4"键，可以将其调出。

图 4-5-1

层的右边有标注为"无"（没有指定）字样的卷展栏，将其展开可以看到以下几个选项（见图 4-5-2）。

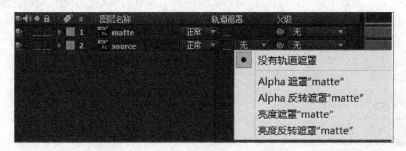

图 4-5-2

· 没有轨道遮罩：当前层没有指定轨道遮罩，即正常上层遮挡下层（见图 4-5-3）。

图 4-5-3

· Alpha 遮罩 Matte：根据上层的不透明区域来显示下层，即上层不透明的地方，下层不透明；上层透明的地方，下层也随之透明；上层半透明的地方，下层半透明。图 4-5-4 所示为上层文字下层背景，指定为 Alpha 遮罩 Matte 的效果，黑色部分代表透明区域。

图 4-5-4

· Alpha 反转遮罩 Matte：与 Alpha 遮罩 Matte 的功能相反，即上层不透明的地方，下层透明；上层透明的地方，下层不透明。图 4-5-5 所示为上层文字下层背景，指定为 Alpha 反转遮罩 Matte 的效果。

图 4-5-5

· 亮度遮罩 Matte：根据上层的亮度来显示下层，即上层纯白的地方，下层不透明；上层纯黑的地方，下层透明。图 4-5-6 所示为上层白色文字下层背景，指定为亮度遮罩 Matte 的效果。

图 4-5-6

· 反转亮度遮罩 Matte：根据上层的亮度来显示下层，即上层纯白的地方，下层透明；上层纯黑的地方，下层不透明。图 4-5-7 所示为上层白色文字下层背景，指定为反转亮度遮罩 Matte 的效果。

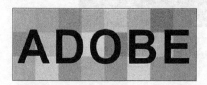

图 4-5-7

4.5.2 应用轨道遮罩的注意事项

在处理遮罩的时候有一些需要注意的地方，以亮度遮罩 Matte 为例，需要注意以下内容。

· 遮罩是一个选区的概念，处理遮罩的目的只有一个，就是创建合适的选区。

· 遮罩最少要有两层才可以被使用，上层为选区，下层为需要显示的内容。只能是下层指定上层设置遮罩，所以时间轴最上面的层不可以设置遮罩。

- 一个需要显示的层只能对应一个遮罩，一个遮罩也只能作为一个层的选区。

- 遮罩层一般设置为隐藏，它只为下层提供一个显示的选区，一般不需要渲染输出。

4.6 父子关系

4.6.1 父子关系概述

使用父子关系可以指定一个层跟随其他层进行运动，这个运动特指的是层的变换属性。当指定一个层跟随其他层运动时，这个层被称为"子层"，那个带动其运动的层称之为"父层"。指定父子关系后，子层的运动将与父层相关联，会跟随父层运动，同时子层可以创建自己的运动，而父层不受其影响。例如父层向右移动 10 像素，子层也会跟随向右移动 10 像素。

父子关系并非所有的动画属性都可以进行关联，仅仅是层的变换属性受到影响，即变换属性下的锚点、位置、缩放、旋转 4 大运动属性，不透明度不受父子关系影响。如果当前层被设置为 3D 层，则方向属性也会受到父子关系影响。

4.6.2 设置父子关系

在时间轴面板的父级栏中，将一个层的链接皮筋拖曳到另一个层上，即可指定父层（见图 4-6-1），这个层会跟随那个指定的层进行运动。也可以通过展开父级卷展栏，指定一个层为其父层（见图 4-6-2）。

图 4-6-1

图 4-6-2

如果需要断开层的父子链接，可以展开层的父级卷展栏，将其设置为"无"。

4.6.3 父子关系应用实例

（1）打开"Car.psd"与"Wheel.psd"，将其导入到合成面板中（见图 4-6-3）。

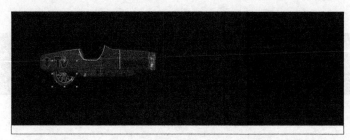

图 4-6-3

（2）建立一个持续时长为 5 秒的 PAL 制合成，调整其大小，并放置到合适的位置。注意层的遮挡关系，"Car.psd"层遮挡"Wheel.psd"层（见图 4-6-4）。

图 4-6-4

（3）设置"Wheel.psd"层的旋转参数的旋转动画（关键帧动画的设置方法可参阅第 6 章），比如在 0 秒设置旋转值为 0×0.0；在 5 秒设置旋转值为 5×0.0（见图 4-6-5）。

图 4-6-5

（4）选择"Wheel.psd"层，按快捷键"Ctrl+D"将其复制，并移动到合成的合适位置，作为车的第二个轮子（见图 4-6-6）。

图 4-6-6

（5）选择"Wheel.psd"层与其副本层，连接"Car.psd"层为它们的父层，设置父子关系

（见图 4-6-7）。

图 4-6-7

（6）展开"Car.psd"层的位置属性，在 0 秒与 5 秒处设置 x 轴向位置关键帧，可以看到"Car.psd"层移动的同时带动"Wheel.psd"层与其副本层移动（见图 4-6-8），而"Wheel.psd"层与其副本层旋转则不会影响"Car.psd"层（见图 4-6-9）。

图 4-6-8

图 4-6-9

在编辑的过程中经常需要建立空对象层（以带动其他层运动（即设置空对象为父层），空对象是一个不显示的空层，但是具有层的所有变换属性。因此本例也可以不设置"Car.psd"层而设置空对象的 x 轴位置关键帧，将所有层的父层都设置为空对象（见图 4-6-10），用空对象带动车身与车轮移动（见图 4-6-11）。这样做的好处就是使用空对象做父层，"Car.psd"层可以随意进行位置或缩放操作而不影响两个车轮层。

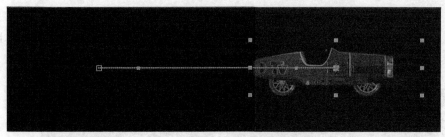

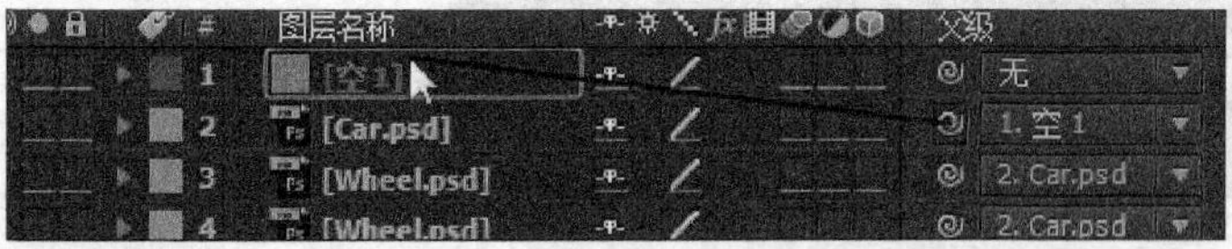

图 4-6-10

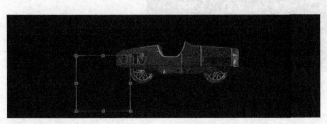

图 4-6-11

4.7 标记与备注

4.7.1 层标记与合成标记

层标记或合成标记主要用来记录一些备注，方便于理解合成的组织结构。合成标记显示在时间轴面板的时间标尺上，层标记显示在设置备注层的持续时间条上（见图 4-7-1）。

图 4-7-1

标记在合成或层的某个时间点出现，合成标记相当于 Adobe Premiere Pro 中的时间轴标记，而层标记相当于 Adobe Premiere Pro 中的素材标记。

标记不仅可以设置注释来记录文字，还可以在标记对话框中设置章节和 Web 链接，甚至是 Flash 提示点。

♀ 这些输出信息在标记对话框中设置也不一定会起作用，需要某些特定格式才能够支持。

默认情况下，仅仅添加了备注的标记显示为正常形态，而设置了链接或者提示点的标记在标记图标上会有一个黑点（见图 4-7-2）。

A: 持续 1 秒长度的合成标记。

B: 包含提示点或网络链接的合成标记。

C: 持续 2 秒长度的层标记。

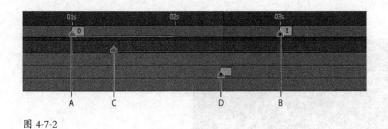

图 4-7-2

D: 包含提示点或网络链接的层标记。

合成标记默认以小三角图标的方式显示在时间轴面板的时间标尺上,可以根据需要设置任意多个合成标记。

当渲染的影片存储为 Adobe 素材备注的时候,标记中的备注文字会包含在存储的 PDF 文档中。用户也可以将该备注重新导入到当前合成或一个新合成中,该备注的位置和内容与输出合成一致。

4.7.2 添加标记的方法

将时间指示标拖曳到需要添加合成标记的位置,不要选择任何一个层,使用菜单命令"图层 > 添加标记"或按数字键盘上的"*"键,可以添加一个新的合成标记(见图 4-7-3)。

图 4-7-3

将时间指示标 / 拖曳到需要添加层标记的位置,选择一个需要添加标记的层,然后使用菜单命令"图层 > 添加标记"或按数字键盘上的"*"键,可以添加一个新的层标记(见图 4-7-4)。

图 4-7-4

双击建立的标记可以打开"合成标记"对话框,以设置标记(见图 4-7-5)。

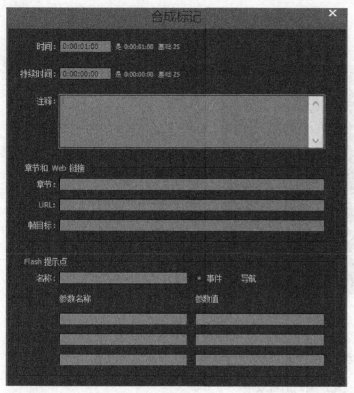

图 4-7-5

· 章节链接：将视频划分为不同的块，类似于 DVD 选段的章节，只有输出 WMV 或 MOV 格式才能有效记录。

· Web 链接：这种网络链接是通过在标记的 URL 栏中输入网络链接地址来实现的。

💡 并非所有的视频格式都可以记录链接，只有 SWF、WMV 和 MOV 格式才能记录标记中的链接。

· Flash 提示点：最多只能设置 3 个，只有输出为 FLV 格式才有效，是 Flash 的提示点。

4.7.3 变化

变化可以为当前合成中的某一层创建多种变化效果，这些效果以缩略图的形式显示在网格中。用户可以将这些效果存储，或应用于当前层。该功能主要是将当前层中特效的参数或关键帧进行一定的随机化处理，从而得到各种形态或运动，供用户选择，用户可以设置随机的程度。

选择一个层中的特效属性或关键帧动画，单击时间轴面板上的"变化"按钮，可打开"变化"对话框（见图 4-7-6）。

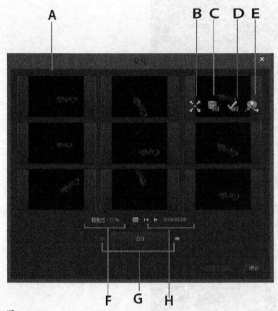

图 4-7-6

A: 层的原始显示状态，即没有发生任何改变的层效果。

B: 最大化显示当前选择的变化产生的随机效果。

C: 新建一个合成并存储当前的选择效果。

D: 将选择效果应用到当前合成。

E: 标记当前效果，标记后若再次产生随机效果则会基于当前效果。

F: 设置每次产生效果的随机程度。

G: 转跳到上一组或下一组产生的随机效果。

H: 回放控制，可播放预览动画效果。

如果需要再次产生随机效果，可单击"变化"对话框底部的"变化"按钮，产生新的一组效果。

5

创建三维合成

学习要点：

- 了解二维合成和三维合成之间的区别，并掌握使用 3D 图层的方法
- 掌握从 Photoshop 中导入 3D 对象的基本方法
- 掌握在三维合成中使用摄像机的方法及其设置方法
- 掌握在三维合成中使用灯光的方法及其设置方法
- 了解各种三维预览选项和要求

5.1 3D 图层

After Effects 不但能以二维的方式对图像进行合成（见图 5-1-1），还可以进行三维合成（见图 5-1-2），这大大拓展了合成空间；可以将除了调节层以外的所有层设置为 3D 图层，还可以建立动态的摄像机和灯光，从任何角度对 3D 图层进行观看或投射；同时，还支持导入带有 3D 信息的文件作为素材。

二维合成

图 5-1-1

三维合成

图 5-1-2

5.1.1 转换并创建 3D 图层

在时间轴面板中，单击层的 3D 图层开关 （见图 5-1-3），或使用菜单命令"图层 > 3D 图层"，可以将选中的 2D 层转化为 3D 图层。再次单击其 3D 图层开关，或使用菜单命令"图层 > 3D 图层"，可以取消层的 3D 属性。

图 5-1-3

2D 层转化为 3D 图层后，在原有 x 轴和 y 轴的二维基础上增加了一个 z 轴（见图 5-1-4），层的属性也相应增加（见图 5-1-5），可以在 3D 空间对其进行位移或旋转操作。

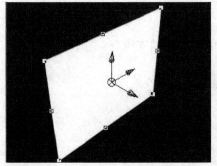

图 5-1-4   图 5-1-5

同时，3D 图层会增加材质属性，这些属性决定了灯光和阴影对 3D 图层的影响，是 3D 图层的重要属性（见图 5-1-6）。

图 5-1-6

5.1.2 移动 3D 图层

与普通层类似，可以对 3D 图层施加位移动画，以制作三维空间的位移动画效果。

选择欲进行操作的 3D 图层，在合成面板中，使用选择工具 拖曳与移动方向相应的层的 3D 坐标控制箭头，可以在箭头的方向上移动 3D 图层（见图 5-1-7）。按住 "Shift" 键进行操作，可以更快地进行移动。在时间轴面板中，通过修改"位置"属性的数值，也可以对 3D 图层进行移动。

图 5-1-7

使用菜单命令"图层 > 变换 > 视点居中"或快捷键"Ctrl+Home"，可以将所选层的中心点和当前视图的中心对齐。

5.1.3　旋转 3D 图层

通过改变层的"方向"或"旋转"属性值，都可以旋转 3D 图层。无论哪一种操作方式，层都会围绕其中心点进行旋转。这两种方式的区别是施加动画时，层如何运动。当为 3D 图层的"方向"属性施加动画时，层会尽可能直接旋转到指定的方向值。当为 x、y 或 z 轴的"旋转"属性施加动画时，层会按照独立的属性值，沿着每个独立的轴运动。换句话说，"方向"属性值设定一个角度距离，而"旋转"数值设定一个角度路径。为"旋转"属性添加动画可以使层旋转多次。

对"方向"属性施加动画比较适合自然而平滑的运动，而为"旋转"属性施加动画可以提供更精确的控制。

选择欲进行旋转的 3D 图层，选择旋转工具 ，并在工具栏右侧的设置菜单中选择"方向"或"旋转"，以决定这个工具影响哪个属性。在合成面板中，拖曳与旋转方向相应的层的 3D 坐标控制箭头，可以在围绕箭头的方向上旋转 3D 图层（见图 5-1-8）。拖曳层的 4 个控制角点可以使层围绕 z 轴进行旋转；拖曳层的左右两个控制点，可以使层围绕 y 轴进行旋转；拖曳层的上下两个控制点，可以使层围绕 x 轴进行旋转。直接拖曳层，可以任意旋转。按住"Shift"键进行操作，可以以 45° 的增量进行旋转。在时间轴面板中，通过修改"旋转"或"方向"属性的数值，也可以对 3D 图层进行旋转。

图 5-1-8

5.1.4　坐标模式

坐标模式用于设定 3D 图层的哪一组坐标轴是经过变换的。可在工具面板中选择一种模式。

· 本地轴模式 ✥：坐标和 3D 图层表面对齐。

· 世界轴模式 ●：与合成的绝对坐标对齐。忽略施加给层的旋转，坐标轴始终代表 3D 世界的三维空间。

· 视图轴模式 ▨：坐标和所选择的视图对齐。例如，假设一个层进行了旋转，且视图更改为一个自定义视图，其后的变化操作都会与观看层的一个视图轴系统同步。

💡 摄像机工具经常会沿着视图本身的坐标轴进行调节，所以摄像机工具的动作在各种坐标模式中均不受影响。

5.1.5　影响 3D 图层的属性

特定层在时间轴面板中堆叠的位置可以防止成组的 3D 图层在交叉或阴影的状态下被统一处理。

3D 图层的投影不影响 2D 层或在层堆叠顺序中处于 2D 层另一侧的任意层。同样，一个 3D 图层不与一个 2D 层或在层堆叠顺序中处于 2D 层另一侧的任意层交叉（见图 5-1-9）。灯光不存在这样的限制。

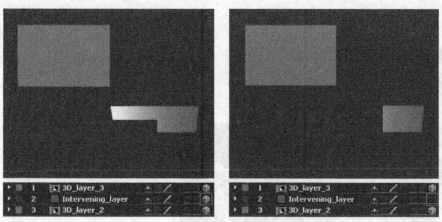

图 5-1-9

就像 2D 层，以下类型的层也会保护每一边的 3D 图层不受投影和交叉的影响。

· 调整图层。

· 施加了图层风格的 3D 图层。

· 施加了效果、封闭路径或轨道蒙版的 3D 预合成层。

· 没有开启卷展的 3D 预合成层。

开启了卷展属性的预合成（卷展开关 ✿ 被开启），不会受到任何一边的 3D 图层的影响，只要预合成中所有的层本身为 3D 图层。卷展可以显示出其中层的 3D 属性。从本质上讲，卷展在这种情况下，允许每个主合成中的 3D 图层独立出来，而不是为预合成层建立一个独立的二维合成，从而在主合成中进行合成。但这个设置却去除了将预合成作为一个整体进行统一设置的能力，如混合模式、精度和运动模糊等。

5.1.6　三维动画实例——飞舞的蝴蝶

在 After Effects 中使用 3D 图层创建动画时，可以利用二维素材生成三维场景。本小节将使用平面的蝴蝶图片，在三维空间中制作翩翩起舞的蝴蝶效果，制作时注意体会操作 3D 图层与 2D 层的区别。

(1)在 Photoshop 中打开蝴蝶的素材"Butterfly.jpg"，将蝴蝶的左右翅膀和躯干部分各独立为一层，并分别取名为"Left"、"Right"和"Center",将文件转存为"Butterfly.psd"(见图 5-1-10)。

(2)以合成的方式导入分层的蝴蝶素材"Butterfly.psd"(见图 5-1-11),并打开此合成。

(3)分别单击层"Left"、"Right"和"Center"的 3D 图层开关 ⬢,将它们转化为 3D 图层
(见图 5-1-12)。

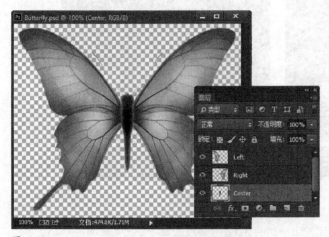

图 5-1-10

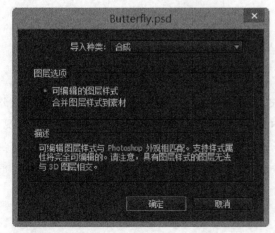

图 5-1-11

图 5-1-12

(4) 使用轴心点工具 ▨ 将层"Left"和"Right"的轴心点移动到翅膀的关节位置,并将层"Center"的轴心点移动到躯干的中心位置(见图 5-1-13)。

图 5-1-13

(5) 分别将层"Left"和"Right"的 y 轴旋转属性设置为 -70 和 70,并在 0 秒位置记录关键帧(见图 5-1-14)。将时间指示标移到第 10 帧的位置,再将层"Left"和"Right"的 y 轴旋转设置为 70 和 -70,自动生成关键帧(见图 5-1-15)。预览合成,蝴蝶的翅膀完成一次扇动。

图 5-1-14

图 5-1-15

💡 如果发现在扇动的过程中,翅膀和躯干之间出现缝隙,可以移动翅膀层的位置,使其向中心靠拢。

(6) 选中层"Left"和"Right"的 y 轴旋转属性的 4 个关键帧,使用菜单命令"动画 > 关键帧辅助 > 缓动"或快捷键"F9",将关键帧的差值形式均改为"贝塞尔",使得蝴蝶翅膀的扇动变得平滑(见图 5-1-16)。如果不使用"缓动"命令,蝴蝶翅膀在运动过程中会始终保持匀速,显得生硬而不自然。

图 5-1-16

(7) 使用菜单命令"Animation > Add Expression"或快捷键"Alt + Shift + =",为层"Left"和"Right"的 y 轴旋转属性添加表达式,输入表达式语句"loopOut(type="pingpong",numKeyframes=0)",蝴蝶翅膀便可以往复循环扇动了(见图 5-1-17)。

图 5-1-17

(8) 在时间轴面板中选择弹出式菜单命令"列数 > 父级",调出父子关系面板。在其中单击层"Left"和"Right"的父子关系关联器按钮 ,并将其拖曳到层"Center"上,使层"Left"和"Right"成为层"Center"的子层(见图 5-1-18)。至此,蝴蝶的 3 部分成为一个整体,基本制作完成了一只扇动翅膀的蝴蝶。

图 5-1-18

💡 可以在父子关系下拉列表中选择父层。

(9) 为层"Center"在三维空间中设置运动路径(见图 5-1-19)。

图 5-1-19

💡 为了避免误操作,可以将层"Left"和"Right"进行锁定。

(10) 按照以上的方法继续制作几只蝴蝶,并设置好运动路径。将它们都添加到合成场景中,从而完成一组蝴蝶翩翩起舞的镜头。

5.2 摄像机与灯光

在 After Effects 中创建三维合成时，可以通过添加摄像机和灯光的方式，利用摄像机景深和灯光的渲染效果，创建出更加真实的运动场景。

5.2.1 创建并设置摄像机层

通过建立摄像机，可以以任何视角对三维合成进行观看（见图 5-2-1）。三维视图中会增加带有编号的摄像机视图，处于最上层的有效摄像机所产生的视图为活动摄像机视图，将被用于最终的输出或嵌套。

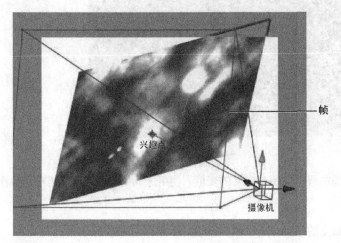

图 5-2-1

使用菜单命令"图层 > 新建 > 摄像机"或快捷键"Ctrl+Alt+Shift+C"，会弹出摄像机设置对话框，可对摄像机的各项属性进行设置，也可以使用预置设置（见图 5-2-2）。

· 名称：摄像机的名称。默认状态下，在合成中创建的第一个摄像机的名称是"摄像机 1"，后续创建的摄像机的名称按此顺延。对于多摄像机的项目，应该为每个摄像机起个有特色的名字，以方便区分。

· 预设：欲使用的摄像机的类型。预置的名称依据焦距来命名。每个预置都是根据 35 mm 胶片的摄像机规格的某一焦距的定焦镜头来设定的，因此，预置其实也设定了视角、变焦、焦距和光圈值，默认的预置是 50 mm。还可以创建一个自定义参数的摄像机并保存在预置中。

· 缩放：镜头到像平面的距离。换言之，一个层如果在镜头外的这个距离，会显示完整尺寸；而一个层如果在镜头外两倍于这个距离，则高和宽都会变为原来的一半。

· 视角：图像场景捕捉的宽度。焦距、底片尺寸和变焦值决定了视角的大小。更宽的视角可创建与广角镜头相同的效果。

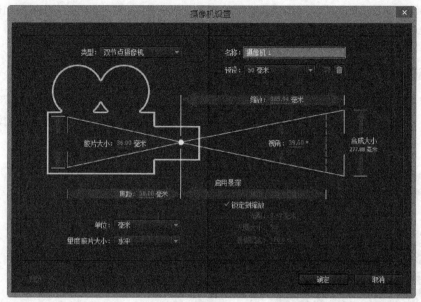

图 5-2-2

· 启用景深：为焦距、光圈和模糊级别应用自定义的变量。使用这些变量，可以熟练控制景深，以创建更真实的摄像机对焦效果。

· 焦距：从摄像机到理想焦平面点的距离。

· 锁定到缩放：锁定变焦，使焦距值匹配缩放值。

· 光圈：镜头的孔径。光圈设置也会影响景深，光圈越大，景深越浅。当设置 Aperture 值的时候，光圈大小的值也会随之改变，以进行匹配。

· 光圈大小：F 制光圈，表示焦距和光圈孔径的比例。大多数摄像机用 F 制光圈作为光圈的度量单位，因此，许多摄影师更习惯于将光圈按照 F 制光圈单位进行设置。若修改了 F 制光圈，光圈的值也会改变，以进行匹配。

· 模糊层次：即图像景深模糊的量。设置为 100%，可以创建一个和摄像机设置相同的、自然的模糊，降低这个值可以降低模糊。

· 胶片大笑：有效的底片尺寸，直接和合成尺寸相匹配。当更改底片尺寸时，变焦值也会随之改变，以匹配真实摄像机的透视。

· 焦距：从胶片平面到摄像机镜头的距离。在 After Effects 中，摄像机的位置表示镜头的中心。当改变了焦距后，变焦值也会改变，以匹配真实摄像机的透视关系。另外，预置、视角和光圈会做出相应的改变。

- 单位：摄像机设置数值所使用的测量单位。

- 度量胶片大小：用于描述胶片大小的尺寸。

设置完毕后，单击"确定"按钮，在时间轴顶部的位置新建一个摄像机层。对于已经建立的摄像机，可以使用菜单命令"图层 > 摄像机设置"或快捷键"Ctrl+Shift+Y"，以及双击时间轴面板中的摄像机层的方法，弹出摄像机设置对话框，更改其设置。

5.2.2 创建并设置灯光层

灯光是三维合成中可以发光照亮其他三维物体的一种元素，类似于光源。可以根据实际需要选择不同类型的灯光，其中包括聚光（见图 5-2-3）、点（见图 5-2-4）、平行（见图 5-2-5）和环境（见图 5-2-6），并可以根据需要对其进行设置。

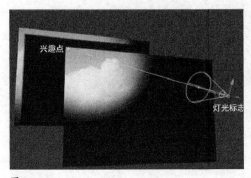

图 5-2-3   图 5-2-4

使用菜单命令"图层 > 新建 > 灯光"或快捷键"Ctrl+Alt+Shift+L"，弹出灯光设置对话框，可在其中对灯光的各项属性进行设置（见图 5-2-7）。

- 灯光类型：可在聚光、点、平行和环境 4 种灯光类型中进行选择。

- 强度：负的值创建负光，负光会从层中减去相应的色彩。例如，如果一个层已经被灯光所影响，则创建一个方向性的负值灯光并投射到这个层上，会创建一个暗部区域。

- 锥形角度：灯光形成的锥体的角度，它决定了光束在某一距离上的宽度。这个控制选项只有在选择聚光类型的情况下才被激活。聚光灯的锥角在合成中表示为灯光图标的边线。

- 锥形羽化：聚光灯的边缘柔化。这个控制选项只有在选择聚光类型的情况下才被激活。

- 投影：设置灯光光源是否会使层产生投影。必须开启"材质选项"中的"接受阴影"选项，层才能接受投影，这个选项在默认状态下是开启的。灯光层中，"灯光选项"中的"投影"选项在开启状态下，才可以投射灯光，这个选项在默认状态下是关闭的。

图 5-2-5

图 5-2-6

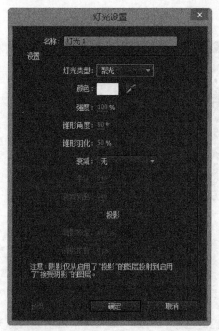

图 5-2-7

· 阴影深度：设置阴影的暗度。这个控制选项只有在"投影"选项开启的状态下才被激活。

· 阴影扩散：为被投影层设置一个基于视距所产生的阴影的柔化。数值越大，投影的边缘越柔化。这个控制属性只有在"投影"选项开启的状态下才被激活。

设置完毕，单击"确定"按钮，在时间轴顶部的位置新建一个灯光层。对于已经建立的灯光，可以使用菜单命令"图层 > 灯光设置"或快捷键"Ctrl+Shift+Y"，以及双击时间轴面板中的灯光层的方法，弹出灯光设置对话框，更改其设置。

5.2.3 移动摄像机、灯光或目标点

在三维合成中，不仅可以移动摄像机和灯光，还可以对它们的目标点进行移动。摄像机层和灯光层都包含一个"目标点"属性，以设置摄像机层和灯光层拍摄或投射的重点。默认状态下，目标点位于合成的中心。可以在任意时间移动目标点。

💡 在移动摄像机之前，选择一个"活动摄像机"之外的视图，这样可以看到目标点图标和定义角度的边界线。

在合成中选择一个摄像机或灯光层，可使用选择工具 ▲ 或旋转工具 ↻ 进行如下操作。

· 欲移动摄像机或灯光及它们的目标点，可以将鼠标指针放置到想要调节的坐标轴上，然后进行拖曳。

· 欲沿着一个单独的坐标轴移动摄像机或灯光，而不移动目标点，可以在按住"Ctrl"键的同时进行拖曳。

· 欲自由地移动摄像机或灯光，而不移动目标点，可以拖曳摄像机图标 🗄 或灯光图标。

· 欲移动目标点，可拖曳目标点图标 ✛ 。

要使光忽略其目标点，使用菜单命令"图层 > 变换 > 自动定向"，在弹出的"自动方向"对话框中选择除"定向到目标点"之外的选项（见图 5-2-8）。

💡 与所有属性一样，可以直接在"时间轴"面板中修改摄像机或光的属性。

图 5-2-8

5.2.4 摄像机视图与 3D 视图

使用传统的二维视图无法对三维合成进行全面的预览，会产生视差。After Effects 提供了不同的三维视图，其中包括"活动摄像机"视图和"正面"、"左侧"、"顶部"、"背面"、"右侧"和"底部"6个不同方位的视图，以及 3 个自定义视图。如果合成中含有摄像机，还会增加不同的摄像机视图。可以以不同的角度对 3D 图层进行观看，从而方便了对三维合成的操作。

当合成中含有 3D 图层时，单击合成面板底部的视图列表，可以在弹出式列表中选择所需的视图（见图 5-2-9）。使用菜单命令"视图 > 切换 3D 视图"，也可以在其子菜单中选择三维视图。

✓ 活动摄像机	F12
前面	F10
左侧	
顶部	
返回	
右侧	
底部	
自定义视图 1	F11
自定义视图 2	
自定义视图 3	

图 5-2-9

使用菜单命令"视图 > 切换到上一个 3D 视图"，可以切换到上一个使用的三维视图。使用菜单命令"视图 > 查看所有图层"，可以使视图显示包含所有层。使用菜单命令"视图 > 查看选定图层"或快捷键"Ctrl+Alt+Shift+\"，可以使视图显示包含选中的层，当未选中任何层时，此命令相当于显示包含所有层。使用菜单命令"视图 > 重置 3D 视图"，可以还原当前视图的默认状态。

在三维合成中进行操作时，经常会使用多个三维视图对 3D 图层进行对比观察定位。使用菜单命令"视图 > 新建查看器"或快捷键"Ctrl+Alt+Shift+N"，可以建立新的视图窗口，将新视图窗口设置为所需的视图方式。可以反复使用此命令添加视图，也可以将设置的多个视图保存为工作空间，随时调用。After Effects 预置了多种视图组合，单击合成面板底部的视图布局列表，可以在弹出式列表中选择所需的视图组合，其中包括单视图、双视图和四视图等（见图 5-2-10）。

| ● 1 个视图 |
| 2 个视图 - 水平 |
| 2 个视图 - 纵向 |
| 4 个视图 |
| 4 个视图 - 左侧 |
| 4 个视图 - 右侧 |
| 4 个视图 - 顶部 |
| 4 个视图 - 底部 |
| ● 共享视图选项 |

图 5-2-10

5.2.5 材质选项

3D 图层都有一个"材质选项"属性，它用于决定 3D 图层如何受灯光和阴影的影响。

· 投影：设置一个层是否投影在其他层。阴影的方向和角度由光源的方向和角度决定。设置这个选项将使层不可见，但依然参与投影。

· 透光率：即透过层的光的比率，将层中的颜色像阴影一样投射到另一个层。0%为没有光透过层，投射一个黑影。100%为满值，投射层的颜色到接收层上。

· 接受阴影：指定图层是否显示其他图层在它之上投射的阴影。

· 接受灯光：指定图层的颜色是否受到达它的光照的影响。此设置不影响阴影。

· 环境：图层的环境(非定向)反射。100%指定最多的反射；0%指定无环境反射。

· 漫　射：图层的漫(全向)反射。将漫反射应用于图层就像在它之上放置暗淡的塑料片材。落在该图层上的光照向四面八方均匀反射。100%指定最多的反射；0%指定无漫反射。

· 镜面强度：图层的镜面(定向)反射。镜面光照从图层反射就好像从镜子反射一样。100%指定最多的反射；0%指定无镜面反射。

· 镜面反光度：确定镜面高光的大小。仅当"镜面"设置大于零时，此值才处于活动状态。100%指定具有小镜面高光的反射。0%指定具有大镜面高光的反射。

· 金属质感：图层颜色对镜面高光颜色的贡献。100%指定高光颜色是图层的颜色。例如，如果"金属质感"值为100%，则金戒指的图像反射金光。0%指定镜面高光的颜色是光源的颜色。例如，"金属质感"值为0%的位于白色光照下的图层具有白色高光。

动画与关键帧

6

学习要点:

学习要点:

· 了解关键帧动画的创建方法
· 理解并掌握空间插值与临时插值的设置方法
· 理解并掌握快速产生与修改动画的方法
· 了解预览动画的方法

6.1 创建基本的关键帧动画

After Effects 除了合成以外,动画也是它的强项。这个动画的全名其实应该叫作关键帧动画,因此,如果需要在 After Effects 中创建动画,一般需要通过关键帧来产生。动画的艺术也是关键帧的艺术。

6.1.1 认识关键帧动画

关键帧不是一个纯 CG 的概念,关键帧的概念来源于传统的动画片制作。人们看到的视频画面,其实是一幅幅图像快速播放而产生的视觉欺骗,在早期的动画制作中,这些图像中的每一张都需要动画师绘制出来(见图 6-1-1)。

图 6-1-1

在早期迪士尼的制作室中,熟练的动画师设计卡通片中的关键画面,即所谓的关键帧,中间的画面由他的助手来完成,这样可保证动画片的艺术性同时也提高了效率。可以想象成小时候看的漫画,那里面一格一格的画面相当于关键帧,如果想完成一个动画,中间缺少的帧可以由助手来完成。只不过在电脑软件中创建动画，关键的画面需要用户自己定义，中间的步骤可以由助手，也就是电脑来完成。

动画是基于时间的变化，如果层的某个动画属性在不同时间产生不同的参数变化，并且被正确记录下来，那么可以称这个动画为"关键帧动画"。

比如，可以在 0 秒的位置设置不透明度属性为"0"，然后在 1 秒的位置设置不透明度属性为"100"，如果这个变化被正确记录下来，那么层就产生了不透明度在 0 ~ 1 秒从"0"到"100"的变化。

6.1.2 产生关键帧动画的基本条件

主要有以下 3 个条件。

· 必须按下属性名称左边的秒表按钮才能记录关键帧动画（见图 6-1-2）。

图 6-1-2

· 必须在不同的时间位置设置多个关键帧才能有动画出现，一个关键帧不能产生动画。

· 按下秒表按钮的属性的数值在不同的时间应该有变化。

6.1.3 创建关键帧动画的基本流程

关键帧动画的创建方式基本一致，以位移动画为例，操作步骤如下。

（1）打开"Ant.psd"文件，将其导入到 After Effects 中（见图 6-1-3）。

图 6-1-3

（2）建立一个 PAL 制合成，并设置合成的持续时间为 5 秒（见图 6-1-4）。

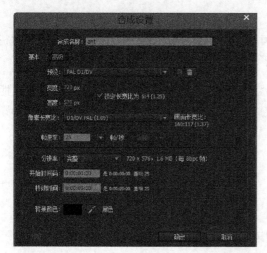

图 6-1-4

（3）将"Ant.ai"素材拖曳到时间轴上，得到"Ant.ai"层，并使用选择工具将其拖曳到合成左侧居中位置（见图 6-1-5）。

图 6-1-5

（4）展开"Ant.ai"层的位置属性，将时间指示标拖曳到 0 秒位置，单击位置属性左边的秒表按钮，建立关键帧（见图 6-1-6）。

图 6-1-6

（5）将时间指示标拖曳到 5 秒位置，使用选择工具拖曳"Ant.ai"层至合成右侧位置（见图 6-1-7）；由于位置参数产生变化，在 5 秒位置自动建立关键帧（见图 6-1-8）。

图 6-1-7

图 6-1-8

在编辑的过程中，由于设置关键帧是非常频繁的操作，需要了解一些重要的与层属性和关键帧相关的快捷键。

· 选择一个或多个层，按"A"键可以展开层的锚点属性。

· 选择一个或多个层，按"P"键可以展开层的位置属性。

· 选择一个或多个层，按"S"键可以展开层的缩放属性。

· 选择一个或多个层，按"R"键可以展开层的旋转属性。

· 选择一个或多个层，按"T"键可以展开层的不透明度属性。

· 选择一个或多个层，按"U"键可以展开层中所有设置关键帧的属性。

· 选择一个或多个层，按"U+U"键可以展开层中所有被修改的属性。

展开属性后再次按相同的快捷键，可以将展开的属性重新折叠。

如需要在某个属性展开的基础上再次展开其他属性，可在按需要展开属性的快捷键的同时按"Shift"键。

6.1.4 运动模糊

运动模糊在视频编辑领域是一个重要的概念，当回放所拍摄的视频的时候，会发现快速运动的对象的成像是不清晰的。当手在眼前快速挥动时，会产生虚化的拖影，这个现象称为运动模糊，即由运动产生的模糊效果。

　　拍摄影像的一些特性决定了运动模糊的产生。以电影为例，电影以胶片作为记录影像的载体，每秒拍摄 24 格画面,每格画面的曝光时间为 1/24 秒。如果拍摄的主体在这 1/24 秒中产生了运动变化，就会在感光过程中产生模糊的影像，所以运动模糊始终存在于影像中。

　　运动模糊现象在视频合成领域具有重要作用，两个场景的匹配并不仅仅是匹配位置和色彩这么简单，两个场景的摄影机焦距和光圈大小会直接导致透视和景深的不同。如果场景中有元素的运动，比如天空中的飞鸟，那么这两个场景中运动元素的运动模糊也应该一模一样。所以，运动模糊是区分一个场景是否真实的重要条件。

1. 开启运动模糊

　　在 After Effects 的时间轴上想要开启运动模糊需要有 3 个条件。

· 层的运动必须由关键帧产生。

· 要激活合成的运动模糊开关 。

· 要激活层的运动模糊开关 。

　　以上 3 个条件，缺少其中的任何一个，都不会产生运动模糊效果。

　　合成的运动模糊开关与层的运动模糊开关在时间轴面板中，单击即可激活。图 6-1-9 所示为开启合成的运动模糊开关，即该合成允许运动模糊效果；图 6-1-10 所示为开启层的运动模糊开关，即该层开启运动模糊效果。

图 6-1-9

图 6-1-10

　　每个层都有自己单独的运动模糊开关，哪一层需要开启运动模糊就单击打开哪一层的运动模糊开关，用户可以控制哪层开启运动模糊。如果看不到层的运动模糊开关，可以激活时间轴面板，并按键盘上的 "F4" 键调出运动模糊开关。

　　运动模糊开启后可以看到运动的层产生了模糊效果（见图 6-1-11）。如运动模糊效果不明显，可修改运动模糊。

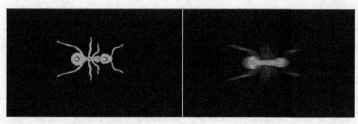

图 6-1-11

2. 修改运动模糊

有时候软件默认产生的运动模糊强度和实际拍摄的素材中物体的运动模糊强度是不一样的，这时需要修改软件产生的运动模糊强度。有两种修改的方法。

（1）改变物体的运动速度，物体的运动速度越快，运动模糊越大。

（2）修改合成参数。建立的合成相当于一台摄像机，所有的层与动画相当于在这台摄像机拍摄的范围内进行表演，所以修改这架摄像机的参数也可以改变运动模糊值。

使用菜单命令"合成 > 合成设置"，可以弹出"合成设置"对话框，将选项卡从基本切换为高级（见图 6-1-12）。

图 6-1-12

· 快门角度：可以直接影响运动模糊效果，这个数值越大，模糊量越大，极限值为 720。

· 快门相位：定义运动模糊的方向。

· 每帧样本：最少采样次数。

· 自适应采样限制：设置最大采样次数。

每帧样本与自适应采样限制仅对 3D 层或形状层有效，采样次数越多，运动模糊过渡得越细腻，同时渲染时间也会越长。

相对而言，这两种方法互有优劣：改变物体运动速度的方法可以单独修改一层的模糊量，但是模糊改变的同时运动也随之改变；修改合成设置的方法可以保证层运动的同时增加或减少模糊量，但是所有层的模糊程度会同时发生改变。

6.2　关键帧操作技巧

6.2.1　添加关键帧

单击属性名称左边的秒表按钮 ，可以记录关键帧动画并产生一个新的关键帧。

在秒表按钮激活的状态下，使用快捷键"Alt+Shift+ 属性快捷键"，可以在时间指示标的位置建立新的关键帧。比如添加位置关键帧，可以使用快捷键"Alt+Shift+P"。

在秒表按钮激活的状态下，将时间指示标拖曳到新的时间点，直接修改参数可以添加新的关键帧。

选择需要复制的关键帧，使用快捷键"Ctrl+C"将关键帧复制，然后将时间指示标拖曳到新的时间点，使用快捷键"Ctrl+V"将关键帧粘贴。

也可以通过追踪、抖动等特殊操作产生新的随机关键帧。

6.2.2　删除关键帧

单击属性名称左边的秒表按钮 ，可以将该属性的所有关键帧删除。

用选择工具点选或框选关键帧，可删除选择的关键帧。

6.2.3　修改关键帧

将时间指示标拖曳到关键帧所在的时间位置，修改参数即可对关键帧进行修改。如时间指示标没有在关键帧所在的时间位置，则会产生新的关键帧。

6.2.4　转跳吸附

由于时间指示标需要位于关键帧所在的时间位置才可以修改关键帧，因此需要了解将时间指示标精确对齐到关键帧位置的方法。

时间指示标与关键帧之间的关系可以在时间轴面板中观察到（见图 6-2-1）。

图 6-2-1

要将时间指示标精确对齐到关键帧，可以使用以下几种方法。

· 单击关键帧导航按钮 ◀ ◆ ▶，可以将时间指示标转跳到最近的上一个关键帧或下一个关键帧。

· 按住"Shift"键的同时拖曳时间指示标，会自动吸附到拖曳位置的关键帧上。

· 使用"J"与"K"快捷键，可以将时间指示标转跳到最近的上一个关键帧或下一个关键帧。

6.2.5 关键帧动画调速

如果需要对关键帧动画进行整体调速处理，可框选需要调速的所有关键帧，按住"Alt"键的同时拖曳最后一个关键帧即可（见图 6-2-2、图 6-2-3）。

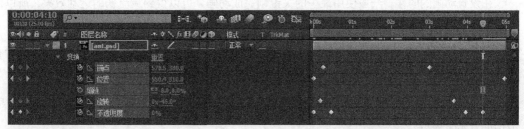

图 6-2-2

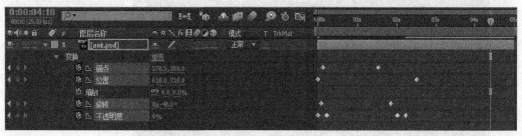

图 6-2-3

6.2.6 复制和粘贴关键帧

如果需要对关键帧动画进行复制操作，可选择需要复制的一个或多个关键帧，使用快捷键"Ctrl+C"，然后将时间指示标拖曳到需要的位置，使用快捷键"Ctrl+V"，可直接将关键帧粘贴。

6.3 关键帧解释

在编辑的过程中，有时可能需要一些特殊的关键帧运动。比如由默认的直线运动修改为曲线运动，或者由默认的匀速运动修改为平滑变速运动，这些都需要对关键帧类型进行重新解释。关键帧包含多达十几种类型，而 After Effects 默认的关键帧只是其中的一种状态。

这些关键帧类型可以划分为空间插值和临时插值两种。空间插值主要指的是关键帧运动路径的变化，比如是直线运动还是曲线运动；而临时插值主要指的是关键帧运动速度的变化，比如是加速运动还是减速运动。

6.3.1 空间插值

空间插值主要体现在关键帧的运动路径上。

在设置动画的时候，一般使用最少的关键帧完成动画，可以得到最流畅的运动效果，所以，一个复杂的运动尽量不要用太多的关键帧，可通过调整空间插值的贝塞尔曲线完成。

空间插值的曲线也称为"运动路径"，显示在合成面板中，只有位置、锚点和效果控制点才有运动路径（见图 6-3-1）。也就是说，只有位置、锚点和效果控制点才具有空间插值属性。

选择需要修改空间插值的关键帧，使用菜单命令"动画 > 关键帧插值"，会弹出"关键帧插值"对话框（见图 6-3-2）。

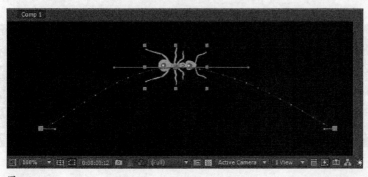

图 6-3-1

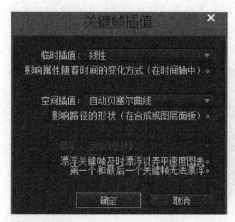

图 6-3-2

"空间插值"下拉列表中显示的是 After Effects 提供的空间插值方法（见图 6-3-3）。

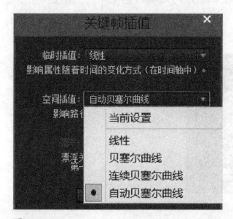

图 6-3-3

· 线型运动：即直线运动，运动路径中没有贝塞尔曲线调节手柄（见图 6-3-4）。

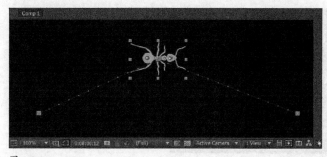

图 6-3-4

· 贝塞尔曲线：即曲线运动，运动路径中包含贝塞尔曲线调节手柄，可以随意控制两个手柄的运动（见图 6-3-5）。

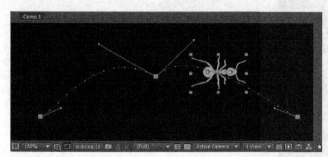

图 6-3-5

· 连续贝塞尔曲线：也是一种曲线运动，两个调节手柄可以拖曳改变长度，但是两个调节手柄之间的夹角始终为 180°，这样牺牲了调节手柄的可控性，但是可以确保运动路径永远是平滑的（见图 6-3-6）。

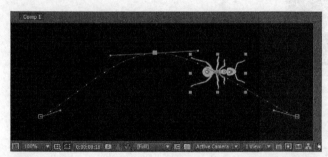

图 6-3-6

· 自动贝塞尔曲线：也是一种曲线运动，两个调节手柄距离关键帧的长度相同，两个调节手柄之间的夹角始终为 180°，一般用于线性向曲线型转化，自动产生关键帧曲线的平滑效果（见图 6-3-7）。

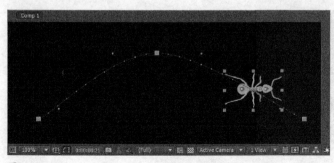

图 6-3-7

除了在"关键帧插值"对话框中指定空间插值类型外，也可以使用快捷键在合成面板中修改关键帧的空间插值类型。

· 按住快捷键"Ctrl+Alt"的同时，在线性型关键帧上单击，可以将关键帧由线性直线运动转化为自动贝塞尔型曲线运动。

· 按住快捷键"Ctrl+Alt"的同时，在贝塞尔、连续贝塞尔、自动贝塞尔型关键帧上单击，可以删除调节手柄，将关键帧由线性型（直线运动）转化为贝塞尔型（曲线运动）。

· 拖曳自动贝塞尔型曲线的调节手柄，可以将其转化为连续贝塞尔型曲线。

· 按住"Alt"键的同时拖曳连续贝塞尔型曲线的调节手柄，可以将其转化为贝塞尔型。

可以认为 After Effects 只提供两种空间运动，一种是直线运动，通过线性型关键帧产生；另一种是曲线运动，通过 3 种贝塞尔型关键帧产生。选择一种关键帧插值方式，就是制定一种运动类型。3 种贝塞尔型关键帧在本质上并无差别，只是调整的方便程度不同，任何形状都可以通过贝塞尔型插值调整出来。

6.3.2　临时插值

在设置关键帧动画的过程中，运动速度可以影响影片的节奏和真实性，是需要非常重视的方面。以位移动画为例，关键帧动画中元素的运动速度是由元素起始点的距离和关键帧间隔时间来决定的，同样的时间，距离越大速度越快；同样的距离，间隔时间越短速度越快。

以上的情况在运动速度匀速的情况下才有效，然而在自然界一切元素的运动中，完全的匀速运动是不存在的。比如汽车前进需要加速，停止的时候又需要减速。在设置动画时，经常需要对关键帧进行加速或减速等变速操作，这些操作需要调整关键帧的临时插值。临时插值可以修改关键帧的运动速度。

选择需要修改临时插值的关键帧，使用菜单命令"动画 > 关键帧插值"，会弹出"关键帧插值"对话框。"临时插值"下拉列表中显示的是 After Effects 提供的临时插值方法（见图 6-3-8）。

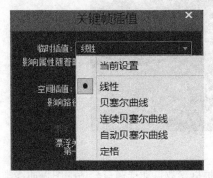

图 6-3-8

· 线性：线型运动，即匀速运动。

· 贝塞尔、连续贝塞尔、自动贝塞尔：通过调整曲线形态来控制运动速度。

· 定个：突变性运动，关键帧之间没有过渡动画，会产生突变效果。

修改临时插值需要在图表编辑器中进行。选择需要修改临时插值的关键帧，单击时间轴顶部的图表编辑器按钮可以在时间轴上开启图表编辑器（见图 6-3-9），其中显示的曲线就是当前参数的关键帧曲线。图表编辑器在使用时需要注意坐标，图表的横坐标始终为时间，纵坐标根据选择参数或显示方式的不同会发生改变。默认情况下位移图表的纵坐标单位是 px/sec，即每秒运动多少像素，是一种代表速度变化的曲线。

图表编辑器主要有两种图表显示方式，可以展开图表编辑器底部的快捷菜单进行指定（见图 6-3-10）。

· 编辑值图表：曲线横坐标代表当前选择参数的数值变化。

· 编辑速度图表：曲线横坐标代表当前选择参数的速度变化。

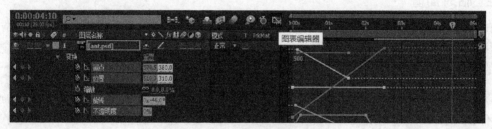

图 6-3-9

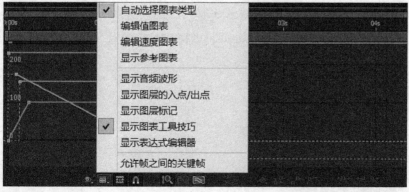

图 6-3-10

After Effects 默认勾选的是"自动选择图表类型"，即根据参数自动选择最合适的图表曲线类型。

如果将位移曲线修改为编辑值图表，可以看到图表曲线产生了变化，一条速度曲线变成了 x、y 方向分离的两条数值曲线，同时纵坐标单位变成了"像素"（见图 6-3-11）。对于诸如位置这样具有两个或更多数值的参数，调整速度曲线比较方便。

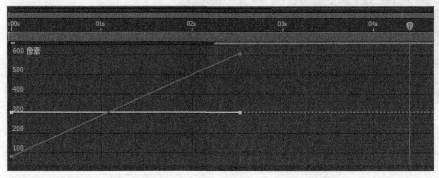

图 6-3-11

图表编辑器底部提供了诸多的快捷操作按钮（见图 6-3-12），从左至右依次说明如下。

图 6-3-12

· 选择具体显示在图表编辑器中的属性 👁：选择可显示在图表编辑器中的控制器及属性。

· 选择图表类型和选项 ▦：可选择图表的显示方式，比如显示速度曲线或数值曲线。

· 选择多个关键帧时显示"变换"框▦：当选择多个关键帧的时候，可选择是否显示变换框。

· 对齐 🧲：选择在拖曳关键帧的时候是否自动吸附到时间指示标所在的位置。

· 自动缩放图表高度🔍：自动匹配高度，当关键帧数值发生改变时，会自动缩放图表曲线的最高点和最低点，与时间轴高度一致。

· 使选择适于查看 ⌐：匹配选择的关键帧，将选择的图表曲线区域自动匹配到时间轴的宽度和高度大小。

· 使所有图表适合于查看 ⌐：匹配所有关键帧，将所有的图表曲线区域自动匹配到时间轴的宽度和高度大小。

· 单独尺寸 ⚡：分离轴向，可以将参数的每个轴向分离为一个单独参数。

· 编辑选定的关键帧 ◆：编辑选择的关键帧，可编辑关键帧的临时插值或空间插值属性。

· 将选定的关键帧转换为"定格" ⌐：将选择的关键帧转为定格型（见图 6-3-13，该图例为"位置"的速度曲线)。

图 6-3-13

· 将选定的关键帧转换为"线性" ：将选择的关键帧转为线性型（见图 6-3-14）。

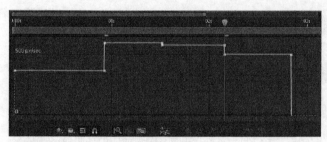

图 6-3-14

· 将选定的关键帧转换为"自动贝塞尔" ：将选择的关键帧转为自动贝塞尔型
（见图 6-3-15）。

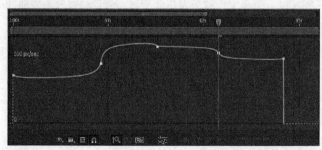

图 6-3-15

· 缓动 ：平缓，自动平缓进入或离开关键帧的速度，快捷键为"F9"（见图 6-3-16）。

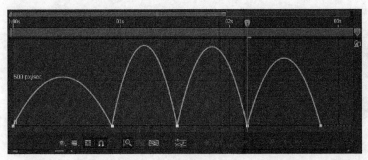

图 6-3-16

- 缓入 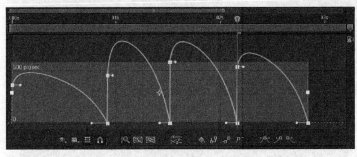：平缓进入，自动平缓进入关键帧的速度，快捷键为"Shift+F9"（见图 6-3-17）。

- 缓出 ：平缓离开，自动平缓离开关键帧的速度，快捷键为"Ctrl+Shift+F9"（见图 6-3-18）。

图 6-3-17

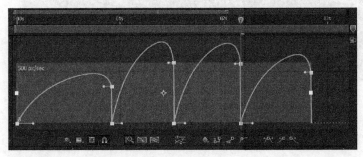

图 6-3-18

💡 缓动、缓入、缓出是一种由线性到贝塞尔的快速转化，并直接产生由静止加速或运动减速到静止的动画效果。在使用这 3 种方式转化之前，关键帧的临时插值类型不应为定格型。分别设置缓入、缓出两种效果与设置缓动相同。

如果对通过这 3 个功能产生的快速平缓效果不满意，可以拖曳控制手柄进行修改，或者不使用自动平滑效果，直接从贝塞尔型曲线调整到需要的效果（见图 6-3-19）。

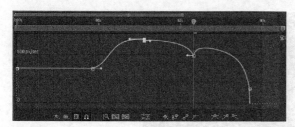

图 6-3-19

比如，创建一辆小汽车的移动动画，在默认临时插值为线性的情况下，图表编辑器显示速度曲线为一条直线，即速度不产生变化（见图 6-3-20）。如需要创建小汽车由静止开始加速，然后减速至停止的动画，可调整速度曲线为图 6-3-21 所示的状态。

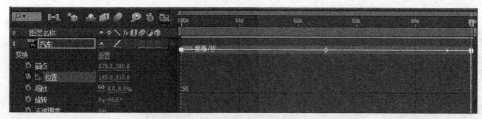

图 6-3-20

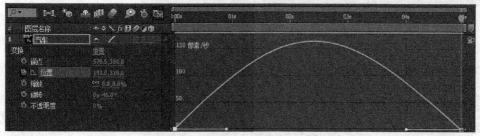

图 6-3-21

调整关键帧的临时插值会影响关键帧在时间轴面板上的显示状态（见图 6-3-22）。

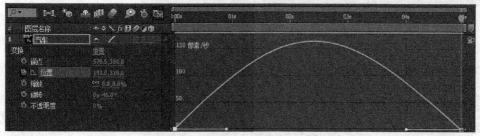

图 6-3-22

关键帧有 5 种不同的形态（见图 6-3-23）。

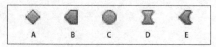

图 6-3-23

A：线性关键帧。

B：线性入，定格出。

C：自动贝赛尔型。

D：连续贝赛尔型或贝赛尔型。

E：线性入，贝赛尔型出。

6.3.3 运动自定向

在创建位移动画的过程中，有时需要通过设置空间插值为任意一种贝赛尔型来创建曲线运动。在曲线运动过程中，默认情况下层的朝向并不会根据曲线运动方向进行自动修改（见图 6-3-24），而使用旋转参数创建旋转动画来匹配曲线运动转向又太难控制。在这种情况下可以设置层的运动自定向功能。

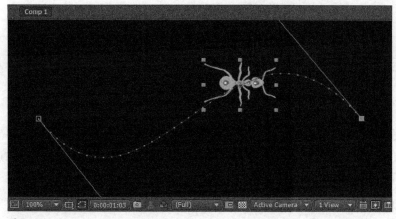

图 6-3-24

选择需要开启运动自定向的层，使用菜单命令"图层 > 变换 > 自动定向"，可打开"自动定向"对话框，选中"沿路径定向"选项（见图 6-3-25）。

图 6-3-25

设置完毕后，合成面板中会显示方向对齐运动路径（见图6-3-26）。

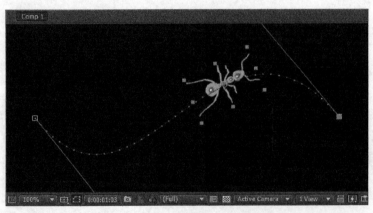

图 6-3-26

6.4　快速创建与修改动画

6.4.1　运动草图

层位置的动画需要设置位置关键帧，除了对每一帧进行手动设置之外，After Effects 还提供了一些快速创建关键帧的方法。比如用鼠标拖曳层在合成面板中移动，移动的路径即为关键帧的运动路径。需要用运动草图面板来完成上述操作。

（1）选择时间轴面板中需要创建运动草图的层。

（2）在时间轴面板中设置工作区，这个工作区时间即运动草图动画的持续时间，可使用"B"和"N"快捷键定义工作区的起点与终点。

（3）使用菜单命令"窗口 > 动态草图"，可以开启动态草图面板（见图6-4-1）。

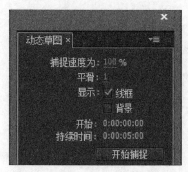

图 6-4-1

· 显示 - 线框：在运动草图创建过程中，层以线框方式显示。

· 显示 - 背景：在运动草图创建过程中，是否显示其他层。

（4）单击"开始捕捉"按钮开始创建运动草图，用鼠标在合成面板中拖曳，可产生位置运动路径（见图 6-4-2、图 6-4-3）。

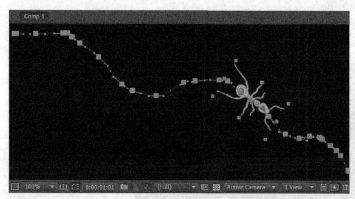

图 6-4-2

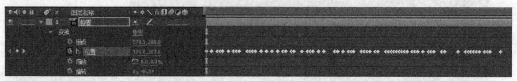

图 6-4-3

💡 鼠标的拖曳速度与产生关键帧动画的速度相同，选择的层的位置参数会产生很多关键帧，一般需要对这些关键帧进行一些平滑处理，这就是为什么称其为"运动草图"。

6.4.2 关键帧平滑

如果需要使关键帧产生的动画效果流畅，可以对关键帧进行平滑处理。

（1）选择某个属性需要平滑的关键帧。选择单一属性的多个关键帧才可以进行平滑操作。

（2）使用菜单命令"窗口 > 平滑器"，可以开启平滑器面板（见图6-4-4）。

图 6-4-4

· 应用到：选择对关键帧的空间插值还是临时插值进行平滑操作。"临时插值"时间平滑是让运动速度更加流畅；"空间插值"使运动路径更加流畅，

· 容差：数值越大，运动越平滑。

（3）设置容差参数后，单击"应用"按钮对关键帧应用平滑效果（见图6-4-5、图6-4-6）。

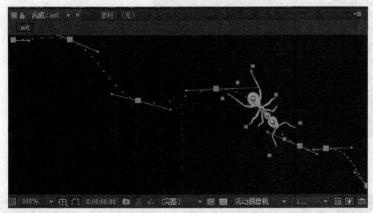

图 6-4-5

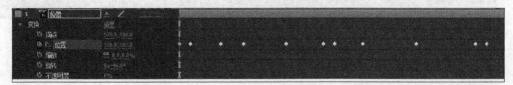

图 6-4-6

♀ 如果选择多个属性或 3 个以下的关键帧，则无法使用平滑面板功能。

6.4.3 关键帧抖动

如果需要使关键帧产生的动画产生随机变化的效果，可以对关键帧进行抖动处理。

(1) 选择某个属性需要进行随机化处理的关键帧。选择单一属性的多个关键帧才可以进行抖动操作。

(2) 使用菜单命令"窗口 > 摇摆器"，可以开启摇摆器面板，并根据需要设置参数（见图 6-4-7）。

· 应用到：选择对关键帧的空间插值还是临时插值进行随机摇摆操作。时间图表是临时插值路径；空间路径是空间插值路径。空间抖动是对运动路径进行抖动，时间抖动是对运动速度进行随机摇摆。

图 6-4-7

· 杂色类型：摇摆类型，可以选择"平滑"或"成锯齿状"。平滑型摇摆相对于成锯齿状型摇摆，运动稍微平滑一些。

· 维数：摇摆方向。x，在水平方向摇摆；y，在垂直方向摇摆；所有相同，x 方向始终与 y 方向具有相同值摇摆；全部独立，x、y 方向完全随机摇摆。如果摇摆的是缩放属性，并希望层产生等比变化效果，应选择"所有相同"。

· 频率：摇摆频率，即每秒产生几次数值变化。

· 数量级：摇摆振幅，即每次摇摆程度值。这个值与当前选择的参数的单位有关，假使振幅为 10，对应位置属性指的是 10 像素位移，对应缩放属性指的是 10% 的缩放。

(3) 单击"应用"按钮，确定摇摆变化效果（见图 6-4-8、图 6-4-9）。

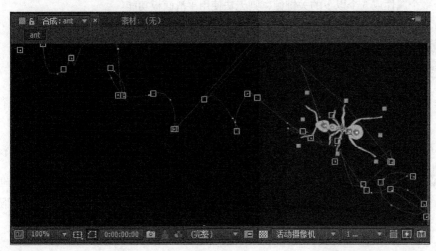

图 6-4-8

　　💡 如果选择多个属性或两个以下的关键帧，则无法使用摇摆器面板功能。无论是平滑操作还是抖动操作，都不建议多次应用效果，因为每次应用会在原始效果中进行累积。如果应用之后发现效果不合适，应按快捷键"Ctrl+Z"撤销操作，重新修改参数后再次应用。

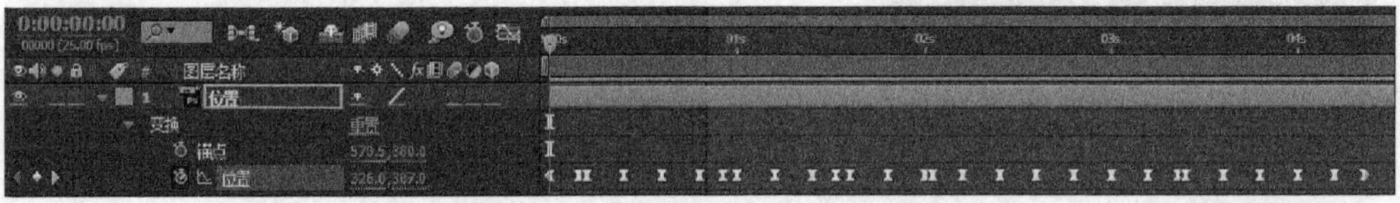

图 6-4-9

6.4.4　关键帧匀速

　　在 After Effects 中编辑关键帧，如果手动调整很难做到多个关键帧之间的匀速运动。因为层的运动速度由关键帧的数值差异大小以及关键帧间距共同决定。

　　"漂浮穿梭时间"是创建匀速运动的快捷方法，可以在多个关键帧产生的运动中快速实现匀速运动效果。这个方法不会影响关键帧参数，是通过影响关键帧之间的时间距离来使运动匀速。

　　观察设置漂浮穿梭时间操作之前的合成面板与图表编辑器中的显示状态，可以看到合成面板中关键帧疏密不一致，为非匀速运动，图表编辑器中的曲线为 x 轴方向的数值曲线而不是速度曲线（见图 6-4-10）。

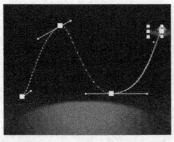
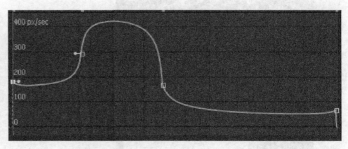

图 6-4-10

观察设置漂浮穿梭时间操作之后的合成面板与图表编辑器中的显示状态，可以看到合成面板中关键帧疏密一致，为匀速运动（见图 6-4-11）。

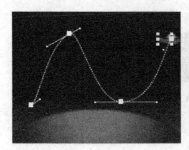
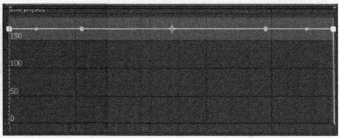

图 6-4-11

创建漂浮穿梭时间 的方法如下。

（1）选择需要匀速运动的某段关键帧，注意首尾两个关键帧不要选择，若选择的是第 2、3 个关键帧，则会在第 1 ～ 4 个关键帧之间产生匀速运动（见图 6-4-12）。

图 6-4-12

（2）使用菜单命令"动画 > 关键帧插值"，在弹出的"关键帧插值"对话框中展开"漂浮"下拉列表，并选择"漂浮穿梭时间"（见图 6-4-13）。

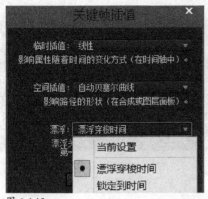

图 6-4-13

(3) 可以看到时间轴上的关键帧的位置和形态发生了改变（见图 6-4-14）。

图 6-4-14

6.4.5 关键帧时间反转

如需对关键帧进行反转操作，即对关键帧产生的动画进行倒放处理，可以选择需要反转的关键帧，使用菜单命令"动画 > 关键帧辅助 > 时间反向关键帧"，对关键帧进行反转操作（见图 6-4-15）。

图 6-4-15

6.5 速度调节

6.5.1 将层调整到特定速度

可以快速将层调整到某个特定速度，比如 40% 速度或 300% 速度。

（1）在时间轴面板中选择需要进行调速处理的层。

（2）使用菜单命令"图层 > 时间 > 时间伸缩"，会弹出"时间伸缩"对话框（见图 6-5-1）。

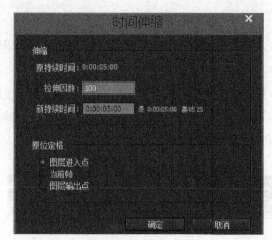

图 6-5-1

拉伸因数与新持续时间可以设置调速值，这两个参数互相影响，用户可以选择基于百分比或时间单位进行精确调速处理。

（3）设置合适的拉伸因数与新持续时间值后，单击"确定"按钮确定调速变化。

比如，设置伸因数为 50% 会使层的持续时间变为 50%，速度提高一倍，如果层上有关键帧，也会随之缩放（见图 6-5-2）。

图 6-5-2

如果对调速后的效果不满意，可以再次执行该操作。

6.5.2　帧时间冻结

如果需要对画面进行冻结操作，首先需要拖曳时间指示标，浏览层到需要冻结的帧，然后使用菜单命令"图层 > 时间 > 冻结帧"，可以对当前帧进行冻结处理。冻结后整个层都显示为当前帧（见图 6-5-3）。

图 6-5-3

冻结后层中会出现时间重映射参数，如果不需要冻结效果或对冻结效果不满意，可以选择该参数，将其删除，取消冻结效果。

6.5.3 时间重映射

如果需要对时间进行任意处理，比如快放、慢放、倒放、静止等，可以通过调整时间重映射参数来完成。

选择时间轴上需要进行时间处理的层，使用菜单命令"图层 > 时间 > 启用时间重映射"，可以为层添加时间重映射参数（见图 6-5-4）。默认情况下，该参数在层的首尾部位有两个关键帧，左边关键帧数值为 0 秒，右边关键帧数值为层的总持续时间。

图 6-5-4

时间重映射参数表示当前层显示的是什么时间的画面，可以对这个时间设置关键帧，从而实现各种调速效果。

· 在合成的 1 秒到 2 秒之间设置时间重映射从 1 秒到 3 秒的关键帧动画，会产生 200% 速度效果。

· 在合成的 1 秒到 2 秒之间设置时间重映射从 1 秒到 1.5 秒的关键帧动画，会产生 50% 速度效果。

· 在合成的 1 秒到 2 秒之间设置时间重映射从 1 秒到 1 秒的关键帧动画，会产生时间静止效果。

· 在合成的 1 秒到 2 秒之间设置时间重映射从 2 秒到 1 秒的关键帧动画，会产生倒放效果。

时间重映射产生的关键帧动画也可以在图表编辑器中进行更为清晰地观察（见图 6-5-5）。

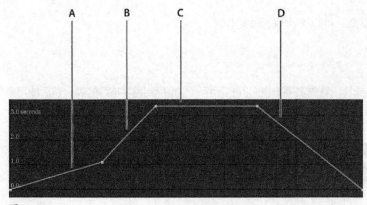

图 6-5-5

A：曲线坡度正常，没有产生速度变化。

B：曲线坡度陡峭，产生快放效果。

C：曲线水平，产生静止效果。

D：曲线反方向坡度，产生倒放效果。

💡 在图表编辑器中，横坐标始终代表影片时间，纵坐标代表时间重映射的层时间。以静止为例，影片时间逐渐变大，而层时间没有产生变化，所以产生静止效果。

如果调整时间导致层速度过慢，每秒无法播放足够的帧以使画面运动流畅，则需要对不流畅的运动进行融合处理。

6.5.4 帧融合与像素融合

由于视频文件每秒需要播放足够的帧数才可以保持视觉的流畅性，如果过度慢放，则视频播放不流畅。帧融合主要解决层慢速播放产生的画面跳动问题。

操作方法如下。

（1）单击时间轴面板上的帧融合开关。

（2）选择需要进行融合处理的层，单击层的帧融合开关，或使用菜单命令"图层 > 帧混合 > 帧混合"，可以对层进行帧混合操作。

（3）如果融合效果不能满足需要，可以再次单击层的帧融合开关，将其切换为像素融合，或使用菜单命令"图层 > 帧混合 > 像素运动"，可以对层进行像素融合操作。

💡 这两种融合方式都可以对层进行融合处理，帧融合对画面的融合效果没有像素融合真实和流畅，但像素融合的渲染速度要大大慢于帧融合。两种融合开启后都会降低渲染速度，一般在所有动画设置完成后在最终输出前开启。

6.6 操控动画

使用操控工具可以快速为层创建自然运动效果。可以通过控制点控制层的不同位置具有不同的运动，而不是像传统关键帧动画那样将层分层，然后分别调整动画效果。

6.6.1 操控动画的基本操作方法

操控动画的工作原理是通过用户设定的控制点将层划分为不同区域，然后分别为这些控制点的位移参数设置动画来产生复杂而真实的动画效果（见图 6-6-1）。

图 6-6-1

操控动画的创建主要通过工具面板上的 3 个操控工具来完成。

操控点工具 ✒：控制点工具，通过在层上单击或拖曳可以设置和移动变形点，操控动画就是通过变形点的移动来完成的。图 6-6-2 所示就是添加的控制点。

图 6-6-2

创建操控动画的层会自动添加效果属性，展开"效果 > 操控 > 网格 1 > 变形"参数，可以看到操控参数，这些就是添加的控制点，根据添加的先后顺序，依次命名为操控点 1、操控点 2、操控点 3 等（见图 6-6-3）。

图 6-6-3

每个操控点下有一个位置参数，通过对该参数设置关键帧动画，可以使变形点带动层的某些区域运动。

可以输入参数或使用操控点工具修改操控点的位置来添加动画效果，也可以在按住"Ctrl"键的同时拖曳层上添加的控制点，可以实时记录拖曳产生的动画效果（见图 6-6-4、图 6-6-5）。

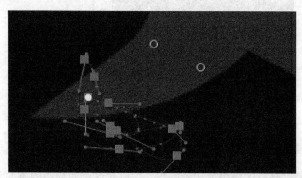

图 6-6-4

图 6-6-5

6.6.2 操控动画的高级操作方法

操控叠加工具 👆 ：在层上单击可以添加交叠点，添加大量的交叠点可以使层的某些区域连接为面，通过设置这些交叠点可以确定面的遮挡关系。

比如在两个胳膊交叉挥动的时候，由于两个胳膊属于一个素材，并且在一个层上，如果对其设置操控动画，则胳膊的遮挡顺序由操控叠加工具 决定。

怪物的前臂可以设置在右腿之前或右腿之后，可使用该工具完成（见图 6-6-6）。

图 6-6-6

添加交叠点后，展开"效果 > 操控 > 网格 1 > 重叠"参数，可以看到重叠参数（见图 6-6-7）。

一般需要添加多个重叠点，使这些交重叠点区域组成一个面积，可以对这个面积中的画面元素进行统一处理（见图 6-6-8）。

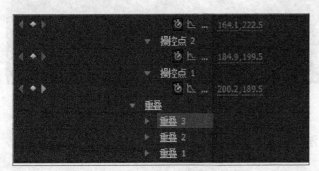

图 6-6-7

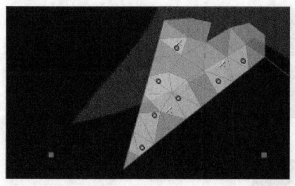

图 6-6-8

重叠参数共有 3 个子参数。

· 位置：重叠点的位置，通过操控叠加工具定义，一般不设置关键帧。

· 前面：在前权重。这个数值越大，表示当前重叠点所在位置的像素会遮挡其他权重比较小的像素。通过对权重的设置可以确定某些像素会遮挡其他位置像素，或被其他位置像素遮挡。

· 程度：每一个重叠点可以影响多大范围内的像素，可以快速将控制点组成一个控制面。

操控扑粉工具 ：使用这个工具可以在层的某些位置添加粘合点，这些点可以使当前位置的扭曲效果减弱。

比如对怪物进行扭曲时，如果仅仅需要对怪物的身体进行扭曲，而怪物的嘴巴不需要跟随身体产生扭曲效果，可以对怪物的嘴巴进行冻结处理。可以使用操控扑粉工具 将整个嘴部冻结，这样可以使头部整体运动（见图 6-6-9）。

图 6-6-9

添加冻结点后，展开"效果 > 操控 > 网格 1 > 硬度"参数，可以看到扑粉参数（见图 6-6-10）。

一般需要添加多个硬度点，使这些硬度点区域组成一个面积，可以对这个面积中的画面元素进行统一处理（见图 6-6-11）。

图 6-6-10

图 6-6-11

硬度参数共有 3 个子参数。

· 位置：硬度的位置，通过操控扑粉工具定义，一般不设置关键帧。

· 数量：硬度数量，数值越大，受到变形的影响越小。

· 程度：每一个硬度点可以影响多大范围内的像素，可以快速将控制点组成一个控制面。

💡 每一个工具只具有某一种特定功能，如果想进行任何一种操作，必须切换到相应的工具，否则调整参数无法在合成面板中得到正确的动画预演。

6.7 回放与预览

动画创建完成后，需要对动画效果进行回放和预览，以确定动画效果。预览主要通过预览面板进行，使用菜单命令"窗口 > 预览"，可以开启预览面板（见图 6-7-1）。

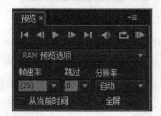

图 6-7-1

6.7.1 预览动画的方法

通过以下两种方法，可以直接预览创建完成的动画。

(1) 单击预览面板中的播放按钮 ▶ 可以预览动画，也可以激活合成面板或时间轴面板，再按空格键。这种动画预演的方法有一些缺陷，主要是画面非实时播放，在预览画面运动节奏时不适用，并且无法预览音频（见图 6-7-2）。

图 6-7-2

(2) 单击预览面板中的内存预览按钮 ▮▶，可以对动画进行内存预览。使用这种预览方式之前，需要先设置时间轴的工作区，预览会在工作区范围内进行（设置工作区起点和终点的快捷键为"B"和"N"）。这种预览只在工作区范围内进行，可以实时播放画面，并且可以预览音频（见图 6-7-3）。

图 6-7-3

绿线区域代表渲染完成的区域，该区域内的动画可以实时播放。渲染长度与物理内存大小有关，内存越大，最大可渲染长度越长。

6.7.2 延长渲染时长

1. 降低帧速

在预览面板中将"帧速率"（渲染帧速）参数设置得小一些（见图 6-7-4）。

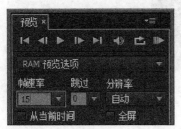

图 6-7-4

2. 降低分辨率

在预览面板中将"分辨率"参数指定为一个较低的程度，比如半幅、三分之一等都可以

（见图 6-7-5）。

图 6-7-5

💡 要设置分辨率，也可以在合成面板底部展开分辨率下拉列表进行设置。

内存渲染相当于先将工作区内的动画渲染到内存中，然后再进行播放，所以能够实时播放，因此渲染长度也依赖于内存大小。如果需要将渲染的结果保存到硬盘上，可以使用菜单命令"合成 > 保存 RAM 预览"。

3. 设定渲染区域

单击激活合成面板底部的"目标区域"按钮 ▣ ，可以在合成面板中直接绘制兴趣框，从而将渲染的范围限定在兴趣框范围内（见图 6-7-6）。如果希望删除兴趣框，再次单击该按钮取消激活即可。

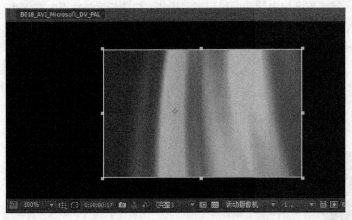

图 6-7-6

4. 草图 3D

草图 3D 按钮 🐾 位于时间轴面板顶部，默认情况下未被激活。如果在创建三维场景的时候渲染速度太慢，可以单击激活该按钮暂时关闭渲染灯光与投影，以提高渲染速度。

6.7.3 快速预览

单击合成面板底部的"快速预览"按钮▣，可以展开快速预览选项（见图 6-7-7）。

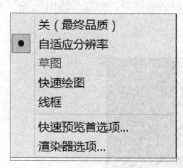

图 6-7-7

· 关：按最终输出品质显示。

· 自适应分辨率：保持渲染速度，可在必要情况下降低渲染分辨率。

· 草图：只显示合成中每一个层的外框，不显示层内容。可以预览基本的层运动，渲染速度最快。

· 快速绘图：低品质渲染，保证速度流畅。

· 线框：隐藏图像，仅显示图像外框，预览速度最快，一般用于调整运动时使用。

· 快速预览首选项：单击会打开首选项面板，对预览分辨率、质量等进行详细设置。

· 渲染器选项：针对 3D 渲染器的阴影质量进行调整。

6.7.4 拍摄快照

在编辑的过程中如果需要对当前帧和任何一帧进行对比，可以使用快照功能。

（1）拖动时间指示标至时间轴上的某一个位置，单击合成面板底部的"拍摄快照"按钮▣，将该位置的画面记录下来。

（2）拖动时间指示标至时间轴上需要与该帧对比的位置，按键盘上的"F5"键，可以显示记录的快照内容。

6.7.5 在其他监视器中预览

After Effects 允许用户将层、素材、合成面板中的画面显示在其他监视设备中，但是可能需要硬件的支持，比如视频采集卡或火线接口。如果设备已经正确连接，在 After Effects 中需要进行如下设置。

（1）使用菜单命令"编辑 > 首选项 > 视频预览"，After Effects 会打开"首选项"对话框（见图 6-7-8）。

（2）展开"输出设备"下拉列表，选择已经连接的设备。设备连接后，会在"输出设备"下拉列表中找到相应的设备（见图 6-7-9）。

图 6-7-8

图 6-7-9

（3）在"输出设备"下拉列表中选择一种联机模式，联机模式由联机设备提供（见图 6-7-10）。

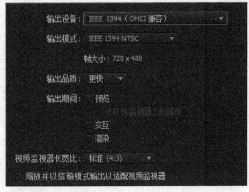

图 6-7-10

（4）根据需要设置其他参数，比如预览类型和画面宽高比等。

遮罩与抠像

7

学习要点：

· 了解蒙版抠像的操作方法
· 了解形状图层的创建与修改方法
· 理解并掌握轨道遮罩抠像技术
· 熟练掌握键控的基本流程

7.1 蒙版

蒙版，即蒙住画面中的某一部分，从而提取主体。蒙版虽然名为蒙版，但是它除了作为蒙版外，还有很多其他的用途，比如为蒙版描边，或被效果调用；某些变形效果需要使用蒙版限定变形的区域。蒙版主要有以下用途。

· 在 After Effects 中进行矢量绘图。

· 封闭的蒙版用于对层产生蒙住作用，也就是可以抠取画面中需要的部分。

· 和描边效果结合使用来创建描边效果，这对封闭或非封闭的蒙版都适用。

· 被效果调用使用。

7.1.1 创建蒙版路径

在 After Effects 中提供了多种创建蒙版路径的方法，比较基本的是通过形状工具或钢笔工具绘制。如果直接在合成面板中绘制蒙版，After Effects 会自动建立形状层。如果需要通过蒙版创建选区，则需要先选择时间轴上的层，然后再为这个层绘制蒙版。

1. 利用形状工具绘制

可以利用工具栏上的形状工具组 ▦ 绘制规则选区。按住形状工具不放可以将形状工具组展开，其中包含 5 个形状工具，分别是矩形工具、圆角矩形工具、椭圆形工具、多边形工具、星形工具（见图 7-1-1）。

图 7-1-1

选择任何一个工具，然后激活时间轴上的层，可以在该层绘制规则的蒙版形状，使用鼠标拖曳即可绘制蒙版。该层会显示在绘制的蒙版区域中，即产生了抠像效果（见图 7-1-2）。

如果需要绘制等比蒙版选区，比如正圆形、正方形等，可以在拖曳鼠标的同时按住"Shift"键（见图 7-1-3）。

图 7-1-2

图 7-1-3

如果需要从中心向外绘制蒙版选区，可以在拖曳鼠标的同时按住"Ctrl"键，这样可以方便地绘制同心圆。如果需要从中心向外绘制等比蒙版选区，可以在拖曳鼠标的同时按住"Ctrl"键和"Shift"键（见图 7-1-4）。

2. 利用钢笔工具绘制

形状工具仅仅可以绘制规则的蒙版选区，如果抠像主体比较复杂，则需要使用钢笔工具 创建 Bezier 曲线来精确定位抠像边缘。钢笔工具组中共有 4 个工具（见图 7-1-5），分别如下。

· 钢笔工具 ：单击可绘制曲线。

· 添加"顶点"工具 ：单击绘制的曲线添加顶点。

· 删除"顶点"工具 ：在已有的顶点上单击，可删除该顶点。

- 转换"顶点"工具 ↖：在顶点上拖拽，可拉出贝塞尔方向杆，将线段由直线转化为曲线。
- 蒙版羽化工具 ✐：在曲线上单击，增加羽化控制点，拖拽该控制点，可得到羽化过渡。

图 7-1-4

图 7-1-5

钢笔工具绘制的路径与关键帧的运动路径相似，主要由路径、锚点、方向线和方向手柄组成。路径是绘制得到的最终图形，锚点、方向线和方向手柄是为了定位路径而由用户自定义的。用户可以任意添加或删除锚点与方向线，也可以对其进行任意调整操作，来定位最终路径的形态（见图 7-1-6）。

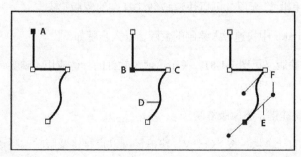

图 7-1-6

A、B：选择的锚点。

C：未选择的锚点。

D：路径段。

E：方向线。

F：方向手柄。

路径的定位主要基于锚点，路径的锚点有两种基本形态，即折角锚点与平滑锚点。平滑锚点与折角锚点的区别在于是否拥有方向线与方向手柄，它们可以使路径更加平滑。锚点的左右两边可以同时拥有方向线与方向手柄，也可以单边拥有，这些都可以在绘制的过程中进行控制（见图7-1-7）。

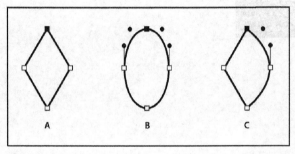

图 7-1-7

A：4个都是折角锚点。

B：4个都是平滑锚点。

C：折角锚点和平滑锚点混合在一条路径中。

3. 从 Photoshop 或 Illustrator 中复制

After Effects 毕竟是一款效果合成软件，绘图不是其强项。Adobe 软件中的 Photoshop 与 Illustrator 则提供了比较丰富的蒙版控制和运算选项，可以快速地创建复杂的蒙版形态。

After Effects 允许从 Photoshop 或 Illustrator 中快速导入绘制的蒙版，导入步骤如下。

（1）在 Photoshop 或 Illustrator 中绘制蒙版（见图7-1-8）。关于这两个软件的具体应用，请参考相应的说明手册。

（2）选择绘制的蒙版，按"Ctrl+C"快捷键，将蒙版复制。

（3）打开 After Effects，选择时间轴上的一个层，按"Ctrl+V"快捷键可以直接将蒙版粘贴到该层中（见图7-1-9）。

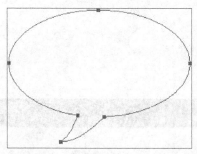

图 7-1-8

图 7-1-9

7.1.2 蒙版运算

展开添加了蒙版的层可以看到名为蒙版的参数，绘制的第一个蒙版名为"蒙版 1"，第二个名为"蒙版 2"，依此类推（见图 7-1-10）。选中蒙版名称，按"Enter"键可以修改蒙版名称。

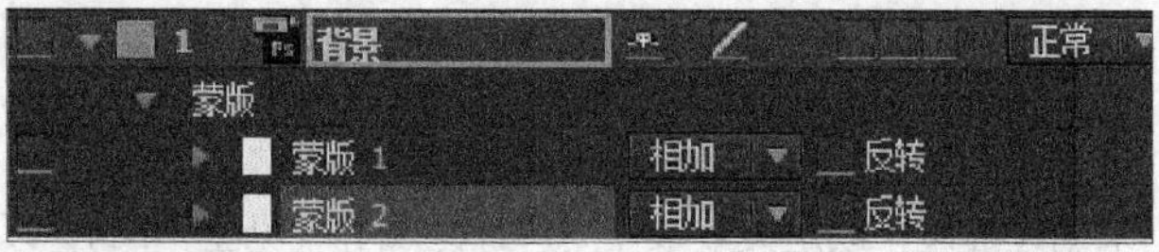

图 7-1-10

蒙版名称的右边为蒙版运算方式，通过设置运算方式可以使多个蒙版选区进行相加、相减等运算，并提供了反转蒙版选区的按钮（见图 7-1-11），如单击激活"反转"按钮，蒙版选区会自动反转（见图 7-1-12）。

图 7-1-11

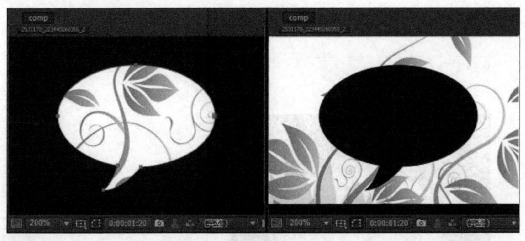

图 7-1-12

展开蒙版运算下拉列表，After Effects 共提供了 7 种蒙版运算方式（见图 7-1-13）。

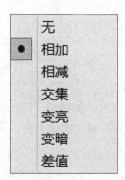

图 7-1-13

· 无：路径不产生蒙版效果，一般用来创建描边，或定义效果作用边缘区域等（见图 7-1-14，以下的所有运算截图都是圆形蒙版对圆角矩形蒙版进行运算处理，即设置圆形蒙版的运算方式）。

· 相加：一个或多个蒙版选区相加，最终选择区域为所有蒙版相加得到的选择区域（见图 7-1-15）。

图 7-1-14

图 7-1-15

· 相减：一个或多个蒙版选区相减，后建立的蒙版（下面的蒙版）在上面运算后的选区基础上减去自身的选区范围（见图 7-1-16）。

· 交集：一个或多个蒙版选区交叉，后建立的蒙版与上面运算得到的选区进行交叉运算，即共同存在的选区保留，非交集选区去除（见图 7-1-17）。

图 7-1-16

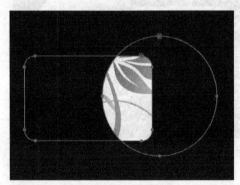
图 7-1-17

· 变亮：与相加方式类似，也是一种加选的运算方式。在蒙版不透明度都为 100 的情况下，产生效果与相加方式相同；在蒙版不透明度为非 100 的情况下，交叠区域的不透明度以不透明度最高的蒙版为准。比如，一个蒙版的不透明度为 100，另一个的不透明度为 50，则混合后最终交叠区域的不透明度为 100（见图 7-1-18）。

· 变暗：与交集方式类似，也是一种减选的运算方式。在蒙版不透明度为非 100 的情况下，交叠区域的不透明度以不透明度最低的蒙版为准。比如，一个蒙版的不透明度为 100，另一个的不透明度为 50，则混合后最终交叠区域的不透明度为 50（见图 7-1-19）。

图 7-1-18

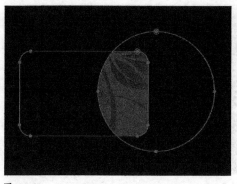

图 7-1-19

· 差值：与交集运算方式产生效果相反。后建立的蒙版与上面运算得到的选区进行求异运算，即共同存在的选区去除，非交集选区保留（见图 7-1-20）。

图 7-1-20

♀ 并非所有的蒙版都具有运算属性，只有闭合的蒙版才可以称为选区，非闭合的蒙版没有运算属性（见图 7-1-21），也不能产生抠像效果（见图 7-1-22），一般作为描边或文字的排列路径。

蒙版共有 4 个重要的参数设置，在合成工作中经常需要修改（见图 7-1-23）。

· 蒙版路径：对蒙版的形状进行任何修改都记录在蒙版路径中。在对蒙版进行动态抠像过程中，如果抠像主体产生运动，则需要对该参数设置关键帧，使蒙版形状跟随主体运动。

· 蒙版羽化：抠像边缘比较生硬，可以通过设置该参数柔化抠像边缘，使边缘具备比较好的融合效果。

· 蒙版透不明度：设置蒙版选区的半透明效果。

·蒙版扩展：设置蒙版选区边缘的收缩或扩展效果。一般情况下，蒙版边缘羽化后向内与向外都会有一定的扩展，向外扩展的部分会将原本抠除的区域再次显示出来，这时没有必要调整蒙版形状，将蒙版收缩几个像素即可。

图 7-1-21

图 7-1-22

图 7-1-23

💡 按"M"键可以展开蒙版路径参数，按"M+M"组合键（按两次"M"键）可以展开所有的蒙版参数。

7.1.3 蒙版抠像合成

蒙版在抠像合成领域有着极其重要的作用。在需要抠取的元素与背景之间如果既没有亮度差异，也没有色彩差异，那么可能需要沿着元素边缘进行精确蒙版抠像。如果元素运动，则需要设置蒙版形状的关键帧去跟随元素运动。在这种情况下，使用蒙版是抠像的唯一方法，但并不总是完美的方法，因为元素的边缘细节无法用贝塞尔曲线绘制，比如发丝。

蒙版与遮罩和键控相比具有巨大的优势，首先它不需要元素与背景有任何差异存在，其次是通过精确地设计整个镜头，蒙版可以将元素的部分区域在图像中抠除，比如没有脑袋的人等。但是抠除区域会留下空白，需要填补背景，因此摄影机不能运动，只有静止的镜头才可以确保填补的背景与图像背景没有运动偏差。

可根据下面的案例进行操作，步骤如下。

（1）找到"蒙版抠像"序列，和"背景.jpg"将其导入到合成面板中（见图7-1-24）。

图 7-1-24

（2）将该素材拖曳到项目面板底部的"新建合成"按钮上，以"抠像"的参数（大小、像素比、时间长度等）建立一个新合成（见图7-1-25）。

图 7-1-25

（3）播放预览该素材，可以看到这是一个静止机位拍摄的，摄像机没有任何变化的镜头。这是古装电视剧中的一个攻城镜头，可以看到爆炸是墙上挂的炸药包制造的（见图7-1-26）。本例要实现的效果就是，需要将墙上的爆炸包擦除掉。

图 7-1-26

（4）选择项目窗口的"背景 .jpg"，将其拖拽到时间轴上，放在底层（见图 7-1-27）。

图 7-1-27

（5）选择"抠像"层，将时间指示标拖曳到第一帧，使用钢笔工具沿着爆炸的边缘绘制蒙版，将蒙版闭合后，"抠像"显示在蒙版区域中（见图 7-1-28）。由于下层"背景 .jpg"将整个场景补全，所以显示的依然是整个场景。

图 7-1-28

（6）由于手是运动的，而蒙版是静止的，蒙版与爆炸会产生错位。解决的方法就是为蒙版形状设置关键帧，跟随爆炸范围运动。选择"抠像"层，按"M"键展开蒙版路径参数，在第一帧的位置单击秒表按钮，设置蒙版路径关键帧（见图7-1-29）。

图 7-1-29

（7）按键盘上的"Page Down"键将时间指示标后移一帧，然后使用选择工具调整蒙版形状至爆炸的新位置。移动蒙版形状，确保蒙版边缘始终沿着爆炸的边缘。重复上述操作，最终完成蒙版跟随爆炸移动的动画（见图7-1-30）。

图 7-1-30

可以看到蒙版抠像边缘还比较生硬（见图7-1-31），需要进一步处理。

（8）选择"抠像"层，按"F"键展开蒙版羽化，设置该参数为"3"左右，可得到比较好的羽化过渡效果（见图7-1-32）。

图 7-1-31

图 7-1-32

（9）可以看到羽化后有些爆炸点漏了出来，可以对蒙版范围进行收缩。选择"抠像"层，按"M+M"组合键展开所有蒙版属性，设置蒙版扩展值为"-3"左右，这样可以将羽化边缘整体收缩。同时，可以使用蒙版羽化工具 ✐ 在蒙版上拖拽，来产生内外两条羽化扩展线。该扩展线就是羽化限定的范围，控制起来更精确（见图 7-1-33）。最终效果如图 7-1-34 所示。

图 7-1-33

图 7-1-34

7.2 亮度键控

蒙版抠像是通过绘制贝塞尔曲线产生抠像效果，是比较烦琐的，而且很难得到非常细致的边缘，比如发丝就无法通过蒙版抠取。因此抠像尽量还是采用亮度抠像或色彩抠像，也就是抠像主体与背景只要有亮度或色彩差异，就可以快速地抠取出来（如果没有差异，则必须使用蒙版，因此所有抠像方式都有其适用的范围）。

亮度抠像主要采用两种方式，一种通过"效果 > 键控"效果组下的亮度键控效果完成（见图 7-2-1），另一种通过轨道遮罩进行抠像。使用亮度键控效果抠像速度比较快，但可调性不如轨道遮罩方式。

图 7-2-1

7.2.1 键控效果抠像

键控的意思就是在画面中选取一个关键的色彩，使其透明，这样就可以很容易地将画面中的主体提取出来。After Effects 关于亮度或色彩的键控效果都在"效果 > 键控"效果组中。

一般来说，在做人物和背景合成的时候，经常会在人物的后面放置一个蓝色背景或绿色背景进行拍摄，图 7-2-2 所示就是在蓝色背景下拍摄后的合成结果，这种蓝布和绿布称之为蓝背和绿背。在后期处理的过程中可以很容易地使这种纯色背景透明，从而提取主体。由于欧美人的眼睛接近蓝色，所以欧美一般使用绿背；亚洲人黄皮肤的肤色与蓝背的色彩互为补色，对比最强，所以亚洲一般使用蓝背。不过由于补色融合的边缘接近黑色，所以亚洲人在蓝背下皮肤边缘部分容易产生黑边，这些都需要特别注意。

图 7-2-2

添加"提取"效果的步骤如下。

（1）选择需要抠像的层，使用菜单命令"效果 > 键控 > 提取"，添加"提取"效果（见图 7-2-3）。

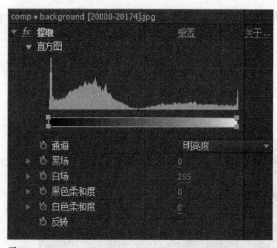

图 7-2-3

（2）根据需要修改提取效果的参数。

· 直方图：检测当前层在某些特定亮度下的像素分布。

· 通道：设置根据哪个通道的亮度作为抠像依据，默认情况下为明亮度，即以画面的明度差异进行抠像。

· 黑场：设置某个亮度以下为透明。

· 白场：设置某个亮度以上为透明。

这两个参数用于定义需要抠除的保留区域。默认情况下黑场 为 0，白场为 255。0 ～ 255 定义了画面的亮度范围，0 为纯黑，255 为纯白，中间亮度为由黑到白之间的过渡灰阶。通过设置这两个参数，可以控制将某些亮度范围保留，其余部分透明处理。

- 黑色柔和度：暗部键控区域柔化。

- 白色柔和度：亮部键控区域柔化。

- 反转：反转抠像效果。

也可以直接拖曳直方图下方的 4 个点来进行抠像处理，上边的两个点分别代表黑场与白场，下面的两个点分别代表黑色柔和度与白色柔和度。

7.2.2 经典色键键控流程

一个成功的键控需要注意很多细节，这些细节的处理需要不同的效果来实现。下面介绍经典色键键控流程。

1. 选色键

键控的第一步需要确定键出色彩，需要选择一个键控工具来拾取色键。After Effects 的键控效果组中有繁多的色键键控效果，比如颜色差值键、颜色键、颜色范围、Keylight 等。这里选用颜色差值键。

使用菜单命令"效果 > 键控 > 颜色差值键"，这个效果默认情况下会自动选择键出色，默认为键出蓝色，蓝背被键出透明。由于默认的拾取色与蓝色背景不一定完全匹配，人物部分半透明化，蓝背没有完全键出（见图 7-2-4）。

图 7-2-4

选择拾取键出色吸管工具，在原素材画面的蓝色背景处单击，重新拾取键出色（见图 7-2-5）。

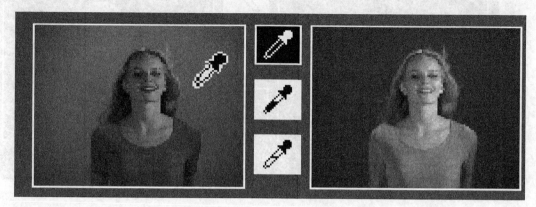

图 7-2-5

2. 调整遮罩

抠像的原理可以理解为在原始层的基础上创建一个黑白动态图像，白色代表该层的显示区域，黑色代表该层的隐藏区域，灰色代表半透明区域。键控操作的主要工作是处理这个黑白图像，只要人物为纯白，背景为纯黑，就可以达到键控目的，从而得到更精准的抠像效果。

选择键出透明吸管工具，观察遮罩图像，在半透明的蓝背区域中拖动，可以将拖动处的灰色区域调整为纯黑色，使背景透明（见图 7-2-6）。

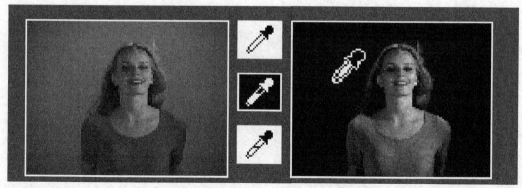

图 7-2-6

选择保留前景吸管工具，在半透明的人物区域中拖动，可以将拖动处的灰色区域调整为纯白色，使前景更多地保留（见图 7-2-7）。

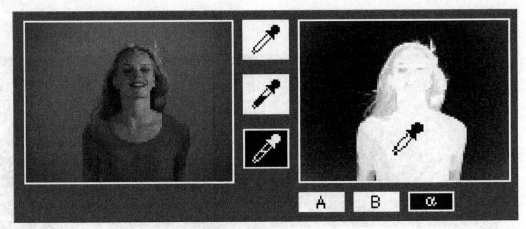

图 7-2-7

反复使用这两个工具对遮罩进行调整，直到前景纯白、背景纯黑为止。

使用吸管工具比较直观，但精度不是很高，也可以使用颜色差值键的功能参数微调遮罩。

展开"视图"下拉列表，选择"已校正遮罩"，即放大化显示遮罩（见图 7-2-8），设置完毕后合成面板中显示的是图像的遮罩（见图 7-2-9）。

调整黑色区域、白色区域与遮罩灰度系数的值，可以得到对比和细节都很好的遮罩（见图 7-2-10）。

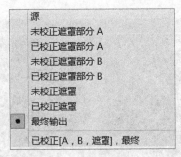

图 7-2-8

· 黑色遮罩：遮罩的暗部色阶控制，该数值以下的亮度均为纯黑，默认值为 0。

· 白色遮罩：遮罩的亮部色阶控制，该数值以上的亮度均为纯白，默认值为 255，与黑色遮罩共同作用区域包含 256 级灰阶。

· 遮罩灰度系数：遮罩的伽马值控制，可以控制整体偏亮或整体偏暗，即影响整个遮罩的明度，默认值为 1，低于 1 则画面变暗，高于 1 则画面变亮。

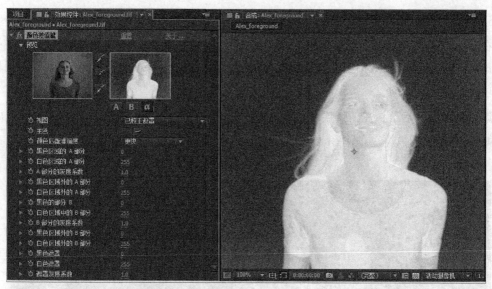

图 7-2-9

▶ ⚙ 黑色遮罩		40
▶ ⚙ 白色遮罩		191
▶ ⚙ 遮罩灰度系数		0.3

图 7-2-10

调整完毕后合成面板如图 7-2-11 所示，调整后得到的是一个主体与背景黑白分明的图像。

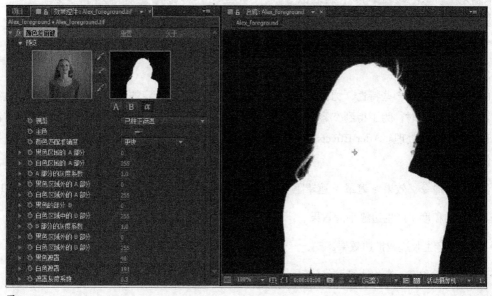

图 7-2-11

一般通过黑色遮罩、白色遮罩参数增强画面对比，通过遮罩灰度系数保留遮罩的层次。

在颜色差值键中，遮罩被划分为A、B两种遮罩，A部分代表键出色之外的蒙版区域，B部分代表键出色区域，这两个区域相加，共同组成了最终的遮罩。如果需要更细致的调整，可以采用相同的方法调整A、B两个部分。

遮罩处理完毕后，将视图切换为"最终输出"，可以看到人物主体基本从背景中抠取出来（见图7-2-12）。

图 7-2-12

3. 边缘控制

由于光线传播的一些特性，物体的边缘部分会与周围环境有一定的融合，这样造成人物边缘带有蓝背的色彩。同时，为了得到宽容度更高的选区，画面中的有些噪点并没有完全去除。这些都需要通过边缘控制来处理。After Effects有一组效果专门处理半透明边缘区域，包括收缩、扩展、平滑与柔化等多种方式。

使用菜单命令"效果 > 遮罩 > 遮罩阻塞工具"，可以添加遮罩阻塞工具效果效果（见图7-2-13）。

· 几何柔和度：产生边缘平滑效果。

· 阻塞：产生收边或扩边效果。

· 灰色阶柔和度：产生边缘羽化效果。

每一种效果可以设置两次叠加。

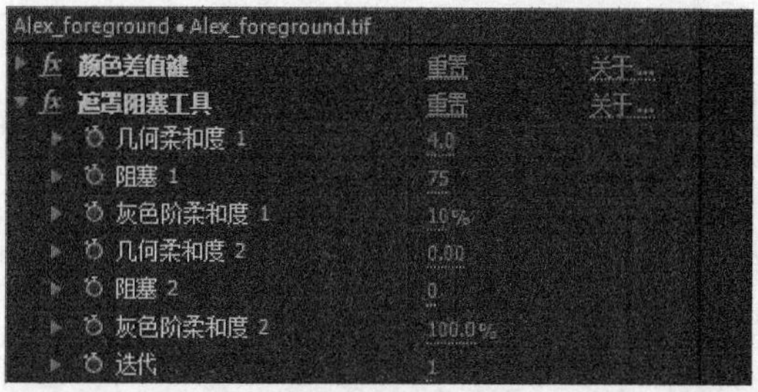

图 7-2-13

在对边缘进行收缩与柔化处理后，人物边缘显得更加真实自然，边缘的一些小瑕疵也由于平滑与收缩操作自动消失（见图 7-2-14）。

图 7-2-14

4. 溢色

任何物体除了受到照明光线的影响外，还受到环境反射光线的影响。在蓝背下拍摄的视频主体某些部分会由于蓝色环境光的照射而泛蓝，这样会使主体无法正常融入到其他环境中。

使用菜单命令"效果 > 键控 > 溢出抑制"，添加溢出抑制效果。

人物身上的蓝色区域被抑制除去，得到正常的头发与皮肤色彩（见图 7-2-15）。

图 7-2-15

- 要抑制的颜色：选择需要去除的颜色。

- 抑制：溢色的抑制程度，相当于添加溢色的补色。

5. 匹配环境色

最后可能需要对主体调色以匹配背景，或者给主体与背景整体赋予一种环境色或调色影调以使场景更加真实。如果背景有运动的话，还需要进行运动追踪处理。

7.2.3 轨道遮罩方式抠像

轨道遮罩抠像流程一般是先将需要抠像的层复制作为其选区使用，然后调整其亮度与对比度，直到需要抠像的主体与背景的亮度完全分离出来，再将选区通过轨道遮罩指定给抠像层。由于轨道遮罩需要根据亮度来作为选区使用，一般会将上层选区处理为黑白图像，然而直接去色无法得到对比最强的黑白图像，最好的方式是指定某个对比最强的通道。

本案例需要将火焰抠取出来，并保留火焰的亮度过渡与细节，步骤如下。

(1) 导入"火焰.mov"文件，并以素材的参数建立新合成（见图 7-2-16）。

(2) 找到对比最强的通道。单击合成面板底部的"显示通道及色彩管理设置"按钮，依次设置显示画面的红、绿、蓝通道（见图 7-2-17）来进行详细观察。本例中设置白色为选区部分，因此红通道为最好的选区通道。查看完毕后将"显示通道及色彩管理设置"设置为默认的 RGB 通道。

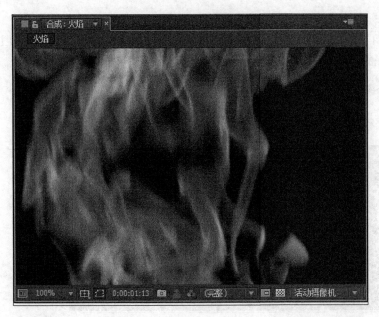

图 7-2-16

图 7-2-17

（3）复制轨道遮罩层。选择"火焰.mov"层，按"Ctrl+D"快捷键将层复制，并将上层命名为"轨道遮罩"（见图 7-2-18）。

⚙	#	图层名称	✦✧ \ ✿ 🔆🎬 ⊙⊘	模式
▶ ▦	1	[火焰_.MOV]	Ⓠ ╱	正常
▶ ▦	2	[火焰_.MOV]	Ⓠ ╱	正常

图 7-2-18

（4）提取层通道。选择"轨道遮罩"层，使用菜单命令"效果 > 通道 > 转换通道"，添加转换通道效果。设置"从获取绿色"为"红"，"从获取蓝色"为"红"，即用红通道替换原画面的绿通道和蓝通道，这样画面最终显示的就是红通道的效果（见图 7-2-19）。一般情况下，对比最强的通道在默认情况下很难达到最完美的选区效果，因此需要进行亮度或对比度调整。

（5）调整选区。使用菜单命令"效果 > 颜色校正 > 曲线"，增强画面亮度，从而扩大选区范围（见图 7-2-20）。

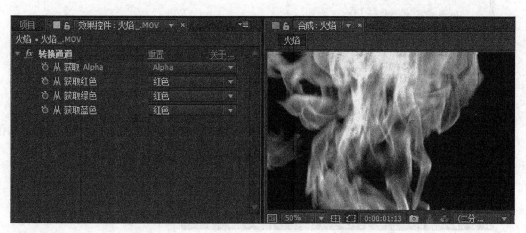

图 7-2-19

（6）指定轨道遮罩。找到时间轴面板中的轨道遮罩栏（TrkMat），如果时间轴面板中没有显示，可以按"F4"键调出（见图 7-2-21）。

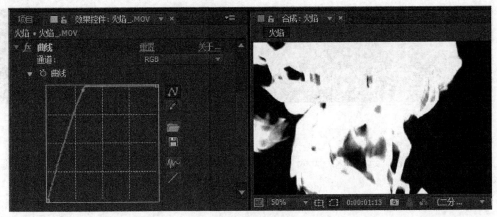

图 7-2-20

图 7-2-21

（7）将上层更名为"matte"，将"火焰.mov"层的轨道遮罩设置为"亮度遮罩'matte'"，即以"matte"层的亮度为选区显示本层（见图 7-2-22）。

图 7-2-22

（8）设置完毕后时间轴面板如图 7-2-23 所示，合成面板如图 7-2-24 所示。如果背景以黑色显示，单击合成面板底部的"显示透明网格"按钮 ▦ 将透明部分以网格方式显示。

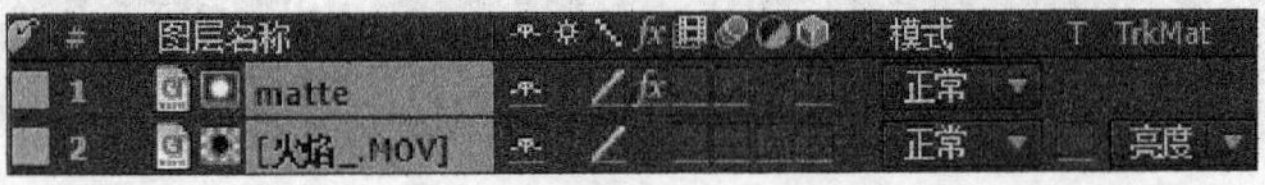

图 7-2-23

如果画面上有未抠除干净的瑕疵，可以使用蒙版将瑕疵抠除。

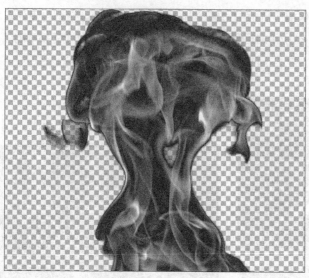

图 7-2-24

7.2.4 Roto 笔刷工具抠像

Roto 笔刷工具 ![icon] 可以将运动主体从复杂背景中自动分离出来。对于一些主体与背景分离不是很明显的素材，可以使用 Roto 画笔工具进行抠像处理。

（1）导入素材，并将素材拖曳到合成面板中，双击时间轴上的素材，在图层面板中将其打开（见图 7-2-25）。

图 7-2-25

（2）使用 Roto 笔刷工具沿着需要保留的区域的边缘绘制一条细线，确保可完全包围保留物体（见图 7-2-26）。绘制完成后，得到图 7-2-27 所示的抠像结果。可以看到这个结果是非常不精确的，身体的上半部分与背景融合在一起。

图 7-2-26

图 7-2-27

（3）默认结果的背景为保留区域，而身体部分则在去除区域内（注意线条的包围区域），需要将两个区域反转。在效果控件面板中可以看到 Roto 笔刷的参数，勾选"反转前台 / 后台"（见图 7-2-28），可以在图层面板中看到选区被反转了（见图 7-2-29）。

图 7-2-28

图 7-2-29

（4）按住"Alt"键，使用 Roto 笔刷工具在需要保留的区域内绘制，可以将选区扩展到保留区域的边缘（见图 7-2-30）。如绘制区域超过边缘部分，可以直接使用 Roto 笔刷工具绘制来减去超出的部分。默认情况下 Roto 画笔工具可以扩大选区，而按住"Alt"键的同时使用 Roto 笔刷工具可以去除选区，由于选区被反转过，所以需要反向操作。切换到合成面板，可以看到 Roto 笔刷工具的抠像结果比较粗糙，边缘太过生硬（见图 7-2-31）。

图 7-2-30

图 7-2-31

（5）在效果控件面板中调整平滑、羽化）、收边值，对抠像边缘进行处理（见图 7-2-32），并得到最终结果（见图 7-2-33）。

图 7-2-32

图 7-2-33

8 文本动画

学习要点：

- ·掌握创建并编辑文本图层的基本方法
- ·掌握格式化字符的基本方法
- ·掌握格式化段落的基本方法
- ·掌握创建文本动画的基本方法，并通过实践进行巩固

8.1 创建并编辑文本图层

利用文本图层，可以在合成中添加文本。可以对整个文本图层施加动画，或对个别字符的属性施加动画，例如颜色、尺寸或位置。

8.1.1 文本图层概述

文本图层与 After Effects 中的其他层类似，可为其施加效果和表达式，施加动画，设置为 3D 层，并可以在多种视图中编辑 3D 文本。

文本图层是合成层，即文本图层不需要源素材，尽管可以将一些文本信息从一些素材项目转换到文本图层。文本图层也属于矢量层。像形状层和其他矢量层一样，文本图层通常连续栅格化，所以当缩放层或重新定义文本尺寸时，其边缘会保持平滑。不可以在层面板中打开一个文本图层，但可以在合成面板中对其进行操作。

After Effects 使用两种方法创建文本：点文本和段落文本。点文本经常用来输入一个单独的词或一行文本（见图 8-1-1）；段落文本经常用来输入和格式化一个或多个段落（见图 8-1-2）。

可以从其他软件如 Photoshop、Illustrator、InDesign 或任何文本编辑器中复制文本，并粘贴到 After Effects 中。由于 After Effects 也支持统一编码的字符，因此可以在 After Effects 和其他支持统一编码字符的软件之间复制并粘贴这些字符，包含所有的 Adobe 软件。

图 8-1-1

图 8-1-2

文本格式包含在源文本属性中，使用源文本属性可以对格式施加动画并改变字符本身（见图 8-1-3）。因为可以在文本图层中混合并匹配格式，所以能够方便地创建动画，转化每个单词或词组的细节。

图 8-1-3

8.1.2　输入点文本

输入点文本时，每行文本都是独立的。编辑文本的时候，行的长度会随之变化，但不会影响下一行。

文字工具光标 Ｉ 上的短线用于标记文本基线。比如横排文本，基线标记文本底部的线；而直排文本，基线标记文本的中轴。

当输入点文本时，会使用字符面板中当前设置的属性。可以通过选择文本并在字符面板中修改设置的方式改变这些属性。

（1）可使用如下方式创建文本图层。

· 使用菜单命令"图层 > 新建 > 文本"，创建一个新的文本图层，横排文字工具的插入光标出现在合成面板中央。

· 选择横排文字工具 T 或直排文字工具 ⬇T，在合成面板中欲输入文本的地方单击，设置一个文本插入点。

（2）使用键盘输入文本。按主键盘上的"Enter"键，开始新的一行。

（3）按数字键盘上的"Enter"键，选择其他工具或使用快捷键"Ctrl+Enter"，都可以结束文本编辑模式。

8.1.3　输入段落文本

当输入段落文本时，文本换行，以适应边框的尺寸。可以输入多个段落并施加段落格式。也可以随时调整边框的尺寸，以调整文本的回流状态。

当输入段落文本时，使用字符面板和段落面板中的属性设置。可以通过选择文本并在字符面板和段落面板中修改设置的方式改变这些属性。

(1) 选择横排文字工具 T 或直排文字工具 ↓T。

(2) 在合成面板中进行如下操作以创建文本图层。

·　从一角单击并拖曳，以定义一个文本框。

·　按住 "Alt" 键，从中心点单击并拖曳，以定义一个文本框。

(3) 使用键盘输入文本。按主键盘上的 "Enter" 键，开始新的段落。使用快捷键 "Shift+Enter"，可以创建软回车，开始新的一行，而并非新段落。如果输入的文本超出了文本框的限制，会出现溢流标记⊞。

(4) 按数字键盘上的 "Enter" 键，选择其他工具或使用快捷键 "Ctrl+Enter"，都可以结束文本编辑模式。

8.1.4　选择与编辑文本

可以在任意时间编辑文本图层中的文本。如果设置文本跟随一条路径，可以将其转化为 3D 层，对其进行变化并施加动画，还可以继续编辑。在编辑文本之前，必须将其选中。

💡 在时间轴面板中，双击文本图层，可以选择文本图层中所有的文本，并激活最近使用的文字工具。

在合成面板中，文字工具的光标的改变取决于它是否在文本图层上。当光标在文本图层上时，表现为编辑文本光标Ⅰ，单击可以在当前文本处插入光标。

使用如下方式可以使用文字工具选择文本。

·　在文本上进行拖曳，可以选择一个文本区域。

·　单击后移动光标，然后按住 "Shift" 键进行单击，可以选择一个文本区域。

·　双击鼠标左键可以选择单词，三连击可以选择一行，四连击可以选择整段，五连击可以选择文本图层内的所有文本。

·　按住 "Shift" 键，按右方向键 "→" 或左方向键 "←"，可以使用方向键选择文本。按住 "Shift+Ctrl" 快捷键，按右方向键 "→" 或左方向键 "←"，可以以单词为单位进行选择。

8.1.5 文本形式转换

在 After Effects 中，可以对点文本和段落文本的形式进行相互转换。

💡 将段落文本转化为点文本，所有文本框之外的文本都将被删除。要避免丢失文本，可重新定义文本框，使得所有文本在转换前可见。

（1）使用选择工具 ，选择文本图层。

💡 在文本编辑模式下，无法转换文本图层。

（2）选择一种文字工具，用鼠标右键单击合成面板中的任意一处，选择弹出式菜单命令"转换为段落文本"或"转换为点文本"，转换为段落文本或点文本。

当从段落文本转换为点文本时，会在每行文本后面添加一个回车，除了最后一行。

8.1.6 改变文本方向

横排文本是从左到右排列（见图 8-1-4），多行横排文本是从上到下排列（见图 8-1-5）。

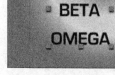

图 8-1-4   图 8-1-5

直排文本从上到下排列（见图 8-1-6），多列直排文本从右到左排列（见图 8-1-7）。

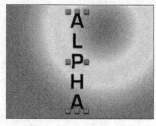

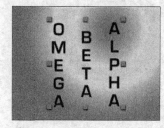

图 8-1-6   图 8-1-7

（1）使用选择工具 ，选择文本图层。

♀ 在文本编辑模式下，无法转换文本图层。

（2）选择一种文字工具，用鼠标右键单击合成面板的任意位置,选择弹出式菜单命令"水平"或"垂直"，转换为横排文本或直排文本。

8.1.7　将 Photoshop 中的文本转换为可编辑文本

Photoshop 中的文本图层在 After Effects 中依然保持其样式和可编辑性。当以"合并的图层"的方式导入 Photoshop 文件时，必须选中层，并使用菜单命令"图层 > 转换为图层合成"以分解导入的 Photoshop 文件为多层合成。

（1）将 Photoshop 文本图层（见图 8-1-8）添加到合成中，并选中该层。

图 8-1-8

（2）使用菜单命令"图层 > 转换为可编辑文字"，可以将其转化为可编辑的文本图层（见图 8-1-9）。

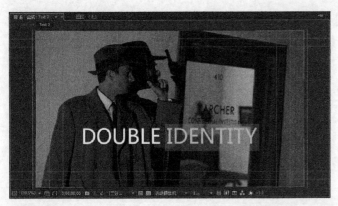

图 8-1-9

这个层变为一个 After Effects 文本图层，并且不再使用 Photoshop 文本图层作为源素材项。如果层中包含图层样式，可在转化为可编辑文本前，使用菜单命令"图层 > 图层样式 > 转换为可编辑样式"，图层样式被转化为可以编辑的图层样式。

8.2 格式化字符和段落

在 After Effects 中，经常需要对字符和段落进行格式化，以满足文本版式的制作需求。

8.2.1 使用字符面板格式化字符

使用字符面板可以格式化字符（见图 8-2-1）。如果选择了文本，在字符面板中做出的改变仅影响所选文本。如果没有选择文本，在字符面板中做出的改变会影响所选文本图层和文本图层中所选的"源文本"属性的关键帧。如果既没有选择文本，也没有选择文本图层，则在字符面板中做出的改变会作为新输入文本的默认值。

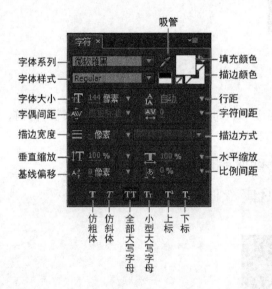

图 8-2-1

使用菜单命令"窗口 > 字符"，可以显示字符面板。选择一种文字工具，在工具面板中单击面板按钮，也可以显示字符面板。

💡 在工具面板中勾选"自动打开面板"，可以在使用文字工具时，自动打开字符面板和段落面板。

在字符面板中可以设置字体、字体大小、间距、颜色、描边、缩放、基线等各种设置。使用面板的弹出式菜单命令"重置字符"，可以重置面板中的设置为默认设置。

8.2.2 改变文本的转角类型

描边的转角类型决定了当两个边线片段衔接时边线的外边框形状。可以在字符面板的弹出式菜单中的转角设置中为文本边线设置转角类型。在面板的弹出式菜单中选择"线段连接 > 尖角 / 圆角 / 斜角",可以将转角类型分别设置为尖角、圆角或斜角(见图 8-2-2)。

图 8-2-2

8.2.3 使用"直排内横排"命令

After Effects 为中文、日文、韩文提供了多个选项。CJK 字体的字符经常被称为双字节字符,因为它们需要比单字节更多的信息,以表达每个字符。

其中的"直排内横排"用于定义一块直排文本中的横排文本,步骤如下。

(1)使用直排文字工具▐T输入"05 年 2 月 14 日"字样(见图 8-2-3)。

图 8-2-3

（2）选中数字部分"05"（见图 8-2-4），在字符面板的弹出式菜单中选择"直排内横排"选项。

图 8-2-4

（3）用相同的方法对剩下的数字部分的方向进行变换，最后得到包含横排数字的文本图层（见图 8-2-5）。

💡 选中数字部分，在字符面板的弹出式菜单中选择"标准垂直罗马对齐方式"，也可以调整直排中文、日文、韩文中的数字为习惯的横排方式。但与"直排内横排"命令不同的是，"标准垂直罗马对齐方式"命令是以所选文本中的单个字符为单位进行直排调整，而不是以所选文本整体为单位（见图 8-2-6），使用时注意随需选择。

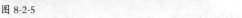

图 8-2-5

图 8-2-6

8.2.4　使用段落面板格式化段落

段落就是一个以回车结尾的文本段。使用段落面板可以为整个段落设置相关选项，例如对齐、缩进和行间距等（见图 8-2-7）。如果是点文本，每行都是一个独立的段落；如果是段落文本，每个段落可以拥有多行，这取决于文本框的尺寸。

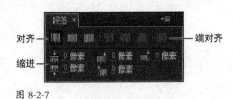

图 8-2-7

如果插入点在一个被选中的段落或文本中，在段落面板中做出的更改仅影响所选部分。如果没有选中文本，在段落面板中做出的更改会成为下一次输入文本时新的默认值。

使用菜单命令"窗口 > 段落"，可以显示段落面板。选择一种文字工具，在工具面板中单击面板按钮▣，可以显示字符面板。

♀ 在工具面板中勾选"自动打开面板"，可以在使用文字工具时，自动打开字符面板和段落面板。

使用面板的弹出式菜单命令"重置段落"，可以重置面板中的设置为默认设置。

8.2.5　文本对齐

既可以按照一边对齐文本，也可以对齐段落的两边。对于点文本和段落文本，对齐选项都适用；而端对齐选项仅对段落文本有效。

在段落面板中，通过单击以下对齐选项，可以设置对齐。

- 〼：左对齐文本，右边缘不齐。

- 〼：居中对齐文本，左右边缘均不齐。

- 〼：右对齐文本，左边缘不齐。

- ‖‖：顶对齐文本，底边缘不齐。

- ‖‖：居中对齐文本，上下边缘均不齐。

- ‖‖：底对齐文本，顶边缘不齐。

在段落面板中，通过单击以下端对齐选项，可以设置端对齐。

- 〼：两端对齐文本行，最后一行左对齐。

- 〼：两端对齐文本行，最后一行居中对齐。

- ▤：两端对齐文本行，最后一行右对齐。

- ▤：两端对齐横排文本行，包括最后一行，强制对齐。

- ▥：两端对齐文本行，但最后一行顶对齐。

- ▥：两端对齐文本行，但最后一行居中对齐。

- ▥：两端对齐文本行，但最后一行底对齐。

- ▥：两端对齐直排文本行，包括最后一行，强制对齐。

8.2.6　缩进与段间距

缩进用于指定文本和文本框或包含文本的行之间的距离，仅影响所选段落，所以，可以为段落设置不同的缩进量。

在段落面板上的缩进选项部分输入数值，可以为段落设置缩进。

- 缩进左边距：从文本的左边界进行缩进；对于直排文本，这个选项控制从段落顶端进行缩进。

- 缩进右边距：从文本的右边界进行缩进；对于直排文本，这个选项控制从段落底端进行缩进。

- 首行缩进：对于横排文本，首行缩进是相对于左缩进；对于直排文本，首行缩进是相对于顶缩进。要创建首行悬挂缩进，可输入一个负值。

在段落面板中的段前添加空格 ▾▤ 和段后添加空格 ▴▤ 中分别输入数值，以改变段落前和段落后的空间。

8.3　创建文本动画

在 After Effects 中，可以通过多种方式施加文本动画。可以像对其他层一样，为文本图层整体施加位移、缩放和旋转等变换属性的动画；使用文本动画预置；为源文本施加动画；使用"动画制作工具"中的"属性"和"范围选择器"，为指定的字符区域施加多种属性的动画。

8.3.1　使用文本动画预置

在效果和预设面板中，预置了大量精彩的文本动画效果（见图 8-3-1）。效果和预置面板中的文本动画效果存储的是"动画制作工具"中的信息，可以将认为满意的文本动画效果存储到效果和预置面板中，随需调用。

图 8-3-1

  图 8-3-2 所示分别为原始文本图层施加了 Raining Characters In、360 Loop、Chaotic 以及 Squeeze 4 种预置字效果后的文本效果。

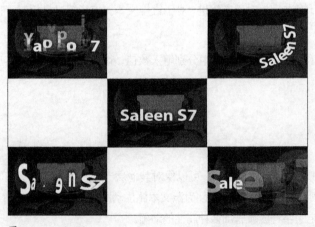

图 8-3-2

8.3.2 源文本动画

  在 After Effects 中，可以对文本图层的"源文本"属性设置关键帧，使文本图层的源文本发生变化，从而制作出文本随需变化的效果。通过为文本图层的"源文本"属性逐字设置关键帧（见图 8-3-3），即将"源文本"属性记录的每个关键帧所对应的源文本逐字显示，可以制作出类似于打字机逐个打字的效果（见图 8-3-4）。每个关键帧只对应一段格式固定的源文本。

图 8-3-3   图 8-3-4

💡 由于只可以为"源文本"添加静止插值的关键帧，变化起来会比较生硬，所以只适合制作类似于打字机逐个打字这类变化比较突然的效果。要制作比较平滑的文本变化效果，建议使用"动画制作工具"。

8.3.3 "动画制作工具"系统简介

After Effects 制作文本效果最核心的部分是文本图层的"动画制作工具"系统，通过对其进行操作和设置，可以完成绝大多数的文本动画效果。

每组动画制作工具包含两方面内容，一部分是文本的动画属性，其中包括以下内容：各种变换属性、字体的填充颜色、字体轮廓的颜色及宽度、字间距、行间距和字符偏移等属性。

还有一部分是选择器，通过设置选择器，并为其设置关键帧，可以控制动画的影响范围，选择器起到蒙版的作用。After Effects 提供了 3 种选择器，分别如下。

· 范围选择器：可以以字符为单位或以百分比的形式选取字符，是默认状态下默认的选择器。每新增一个动画制作工具，都会自动生成一个范围选择器。

· 摆动选择器：可以根据设置的参数，随机计算选取字符，生成文本随机动画效果。

· 表达式选择器：可以通过编写表达式选取字符，是一种高级的选择方式。

一组动画制作工具可以包含多个动画属性以及多个选择器。一个文本图层也可以包含多个动画制作工具，可以通过时间轴面板上的添加按钮为文本图层添加动画制作工具或为某个动画制作工具添加动画属性和选择器（见图 8-3-5）。

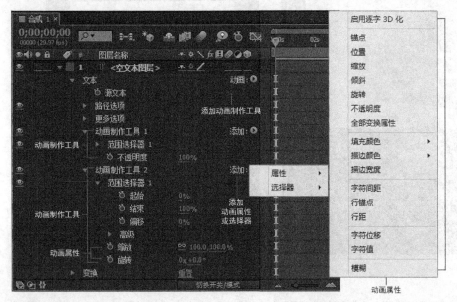

图 8-3-5

下面通过几个案例来进一步理解在实际应用领域中使用文字工具和动画制作工具系统创建文本动画的方法。

8.3.4　制作文本渐隐的效果

使用动画制作工具配合文字工具是创建文本动画最主要的方式。本节将介绍一个简单的案例，通过设置动画制作工具中的不透明度属性以及范围的结束属性来制作文本渐隐的动画效果（见图 8-3-6）。制作时体会选择器对文本的动态选择作用。

图 8-3-6

（1）使用文字工具 T 输入"Round the world"字样（见图 8-3-7）。

图 8-3-7

（2）在动画弹出式菜单中选择"不透明度"，添加该属性（见图 8-3-8）。

图 8-3-8

（3）将动画制作工具中的不透明度属性设置为 0%，使文本图层完全透明（见图 8-3-9）。

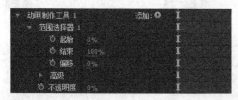

图 8-3-9

　　（4）在欲施加渐隐效果的开始位置，将范围选择器的结束属性设置为 0%，并为其记录关键帧（见图 8-3-10）。

　　（5）向右拖动时间指示标，在渐隐效果的结束位置将结束属性设置为 100%，自动生成关键帧（见图 8-3-11）。至此，创建完成文本渐隐效果。

　　通过以上简单的几步操作，只为结束属性设置了两个关键帧，就完成了文本渐隐的效果，这是动画制作工具最简单的操作方法之一。从本案例不难看出，动画属性的作用是设置文本动画的效果，而选择器则动态地选择文本，决定效果的作用范围，从而生成动画。以范围选择器为例，其起始、结束和偏移，即选取区域的始末位置及偏移量 3 个属性决定了文本动画效果的作用范围。

图 8-3-10   图 8-3-11

8.3.5　制作文本波动的效果

在前面的案例中，只对其 End 属性设置了关键帧，还可以用起始和结束两个属性确定一个区域，再为其偏移属性设置关键帧，这样可以制作放大镜掠过文本图层的文本波动效果。如果需要，还可以为起始、结束和偏移分别设置关键帧，从而制作更为复杂的文本动画。本节将通过案例讲解如何使用缩放制作文本波动的效果（见图 8-3-12），练习范围选择器的综合使用技法。

图 8-3-12

（1）使用文字工具 **T** 输入"Digital Design Connection"字样（见图 8-3-13）。

图 8-3-13

（2）在动画弹出式菜单中选择"缩放"，添加该属性。

（3）将动画制作工具中的缩放属性调整为140%，或按实际需求将所有字符放大。为了不使文本过于拥挤，可以添加字符间距属性，调整其数值，使字符间距合适（见图8-3-14）。

图 8-3-14

（4）通过调整范围选择器的起始和结束位置（见图8-3-15），将放大效果影响的区域集中在放大镜范围内（见图8-3-16），并考虑使文本的缩放随放大镜的运动显得尽量自然。还可以使用鼠标对表示范围选择器的起始和结束位置的标记进行拖曳，从而更自由地设定动画范围。

图 8-3-15

图 8-3-16

（5）为范围选择器的便宜属性设置关键帧（见图8-3-17、图8-3-18），使放大效果的影响区域随放大镜的运动轨迹移动，完成文本波动效果。

图 8-3-17

图 8-3-18

在本案例中，通过对范围选择器的起始、结束和便宜3个属性进行综合设置，用简单的步骤和较少的两个关键帧做出了这组文本波动效果。如果对初步制作出来的文本动画不满意，觉得动画有些生硬，不够自然，或想改变选择的文本的单位和选择范围的叠加模式，还可以展开范围选择器的高级属性组（见图8-3-19），进一步设置其中的各参数。在范围选择器的高级属性组中，可以设置制作更为复杂的文本动画效果，还可以通过随机排序，为文本制作随机动画。

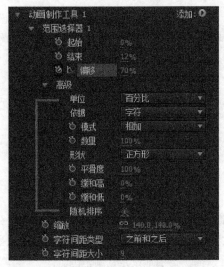

图 8-3-19

8.3.6　制作文本随机跳动并变换颜色的效果

　　在制作文本随机动画方面，摆动选择器比范围选择器要方便得多，只需要设置其各个参数，通过运算随机选择文本，无须设置关键帧。本节将通过使用摆动选择器制作文本随机跳动并变换颜色的效果（见图 8-3-20），讲解其基本操作方法。

图 8-3-20

　　（1）使用文字工具 **T** 输入"Go to DDC"字样（见图 8-3-21）。

　　（2）在动画弹出式菜单中选择添加一个"填充颜色（RGB）"，并通过添加弹出式菜单命令，添加一个"位置"属性，同时，为了让动画更为活泼柔和，可以为其添加"填充不透明度"属性。

　　（3）默认状态下，动画制作工具默认的选择器为范围选择器，所以要通过菜单命令手动为动画制作工具增加一个摆动选择器（见图 8-3-22）。由于摆动选择器无须设置关键帧，所以已经生成了文本随机变色的效果（见图 8-3-23）。

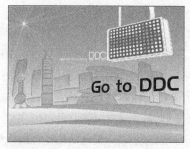

图 8-3-21

图 8-3-22

图 8-3-23

（4）根据需要将"位置"属性的纵轴数值设置为正值，同时将"填充不透明度"属性的数值设置为0%（见图 8-3-24），配合摆动选择器的作用，可以生成文本随机跳动并随机缺隐的效果。

图 8-3-24

（5）效果已基本制作完成，还可以继续设置摆动选择器的各项属性参数（见图 8-3-25）。通过调节摆动选择器的各项参数，可以设置摆动选择器选取文本区域的叠加模式、选取单位、随机选取速率以及时空相位等多个属性，使随机选择的方式更符合文本动画效果的需求，完成最终效果。

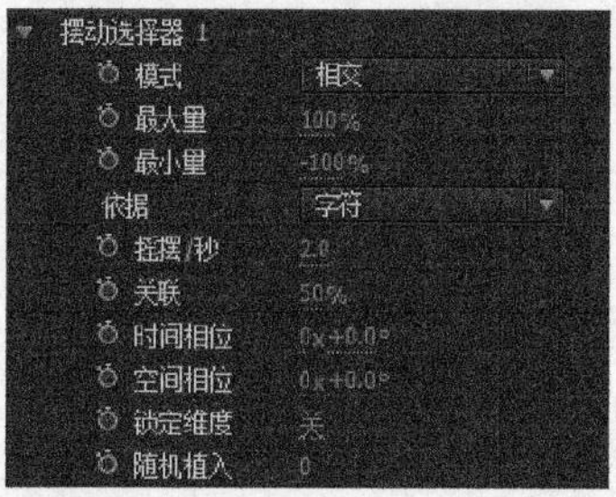

图 8-3-25

在前面的 3 个案例中，范围选择器是通过设置始末位置来规定一个连续的选择区域，而摆动选择器是通过设置其各属性参数，利用运算随机选择文本。用最简单的步骤以及设置最少的关键帧来达到相应的效果，但在实际工作中，会遇到更为复杂的情况，对文本区域的选择有更高、更精确的要求。如果使用以上两种选择器，会使创作过程变得非常复杂，需要大量的选择器共同决定效果的影响区域。而 After Effects 中功能完善的表达式选择器可大大简化工作，通过编写表达式来描述欲选择文本区域的属性，从而选择符合表达式要求的区域。通过一个表达式选择器，就可以完成一些比较复杂的选择工作，是动画制作工具系统中最高级的选择器。语言是最为灵活的表达方式，如果善于应用表达式语言，则使用表达式选择器选取文本，几乎可以包括范围选择器和摆动选择器的所有功能以及一些它们不可能完成的效果。

应用效果

9

学习要点：

- ·了解效果组的操作方法
- ·掌握效果组中效果的使用方法
- ·掌握在实际操作中选择使用不同效果的技巧

9.1 应用效果基础

作为一款优秀的效果合成软件，After Effects 具有非常强大的效果创建功能。After Effects 的效果主要集中在效果组中，这些效果可以应用在图像、视频甚至音频层上。

9.1.1 基本操作

1. 添加效果

选择需要添加效果的层，然后选择 Effects 菜单下的任何一个效果，或在效果和预设面板中展开相应的效果组，选择需要的效果，双击或拖曳到需要添加的层上即可（见图 9-1-1）。

图 9-1-1

效果和预设面板中包括动画预设和效果预设两方面内容。动画预设为一个组，其余都为效果预设。动画预设会有很多效果组成一个动画，而效果预设是某个效果的参数预设（见 图 9-1-2）。

图 9-1-2

2. 修改效果参数

添加效果后 After Effects 会自动激活名为"效果控件"的面板，可以对效果参数进行调整（见图 9-1-3）；或选择添加效果的层，按"E"键可以展开该层添加的所有效果（见图 9-1-4）。

图 9-1-3

图 9-1-4

如果效果控件面板被用户关闭或没有激活，使用菜单命令"窗口 > 效果控件"打开即可。

3. 隐藏或删除效果

单击效果名称左边的 ![fx] 按钮可以隐藏该效果，再次单击可将该效果开启（见图 9-1-5）。

图 9-1-5

单击时间轴面板上层名称右边的 ![fx] 按钮可以隐藏该层的所有效果，再次单击可将效果开启（见图 9-1-6）。

图 9-1-6

选择需要删除的效果，按"Delete"键可以将其删除。

如果需要删除所有添加的效果，选择需要删除效果的层，使用菜单命令"效果 > 全部移除"即可。

9.1.2 动画预设

在效果和预设面板中不仅可以选择与添加效果，还可以选择与添加动画预设。

动画预设是 After Effects 中设计师做好的一些动画效果，这些效果由一个或多个效果产生，用户可以直接调用这些效果。这些效果集中在效果和预设面板中名为"动画预设"的组中（见图 9-1-7）。

图 9-1-7

1. 动画预设分类

After Effects 提供了非常多的动画预设，供用户选择和调用，主要包括以下几个组。

· Backgrounds：提供动态背景预设，一般添加在时间轴底层的固态层上。

· Behaviors：提供层的运动特性控制，比如随机缩放或移动、自动淡入和淡出等。

· Image - Creative：提供一些创造性的色彩调整方式，比如落日晚霞等。该组动画预设需要添加到图片或视频素材上。

· Image - Special Effects：提供一些特殊的图像处理方式，比如电视机花屏扭曲效果等。该组动画预设需要添加到图片或视频素材上。

· Image – Utilities：提供一些实用的图像处理方式，比如反转 Alpha 通道，图像水平或垂直翻转等。

· Shapes：提供一些创建好的形状，这一组效果需要添加在 Shape Layer 形状层上，或在未选择任何层的状态下，直接双击动画预设创建形状层。

· Sound Effects：提供音频效果预设，可直接为层产生诸如电话拨号等音效。

· Synthetics：提供合成效果，比如图案运动、闪电等。

· Text：提供繁多的文本动画。

· Transform：提供分离层的 x、y、z 轴参数预设，层轴向分离为多个参数后，可以更方便地设置表达式连接。

· Transitions：提供多种转场效果，控制层如何进入或移出合成。

2. 添加动画预设

主要通过以下两种方式添加动画预设。

· 选择需要添加预设的层，直接双击动画预设，可以添加动画预设。

· 直接将需要添加的动画预设拖曳到层上。

3. 删除动画预设

直接将效果控件面板中添加的效果删除，即可清除动画预设效果。

如果需要清除效果和预设面板中的动画预设，可以按以下步骤进行操作。

（1）选择效果和预设面板中需要删除的动画预设。

（2）展开面板右上角的快捷菜单，选择"在资源管理器中显示"。

（3）删除硬盘上的动画预设（.ffx）文件。

（4）选择快捷菜单中的"刷新列表"命令刷新效果及动画预设。

4. 新建动画预设

如果需要将做好的效果保存为动画预设，可以按以下步骤操作。

（1）在效果控件或时间轴面板上选择做好的效果，展开效果和预设面板右上角的快捷菜单，选择"保存动画预设"，会弹出"保存动画预设"对话框。

（2）选择"C:\Program Files\Adobe\Adobe After Effects CS6\Support Files\Presets\"文件夹，将新预设重命名后保存。该路径为 After Effects 的默认安装路径，根据个人安装习惯的不同可能需要做相应更改。

9.2 3D 通道效果

3D 通道效果效果组工作在特定的 2D 层，这种 2D 层不是普通的 2D 层，是 3D 应用软件中创建的包含 3D 信息的 2D 层。这些 3D 信息被保存在一种特定的通道中，使用该效果组可以在 2D 环境下修改 3D 合成场景效果。

3D 文件一般在 3D 软件中输出为 RLA、RPF、Softimage PIC/ZPIC 和 Electric Image EI/EIZ 格式，可以被 After Effects 正确识别。3D 通道效果组并不会影响或修改这些文件，仅仅读取和编辑某些特定的信息，比如 z-depth（Z 通道）、surface normals（法线）、object ID（物体 ID）、texture coordinates（贴图坐标）、background color（背景色）、unclamped RGB（非钳制 RGB 色）和 material ID（材质 ID）。

通过提取 3D 元素的 Z 通道，可以将 3D 场景中的不同元素快速合成在一起，比如景深模糊、雾化、甚至直接提取某个元素。

9.2.1　3D 通道提取效果

该效果可以将保存在特定通道中的信息提取为灰度图像或多通道色彩图像，得到的最终图像可以作为其他层或效果的贴图（见图 9-2-1）。

图 9-2-1

比如，提取的灰度图像可以作为粒子效果的贴图，或被复合模糊效果调用，作为场景模糊程度的依据。该效果在 8 位模式下工作。随需设置参数（见图 9-2-2）。

图 9-2-2

· 3D 通道：选择提取 3D 通道的某种信息。

· Z- 深度：物体与摄像机之间的距离，白色代表距离摄像机比较远，黑色代表距离摄像机比较近。该效果可以被 After Effects 中诸如镜头模糊等效果调用，来确定场景模糊的程度，得到景深效果。也可以作为一个白色固态层的亮度蒙版使用，得到相应的雾化效果。选择该参数后，黑场、白场参数被激活。

· 纹理 UV：该通道保留 3D 软件中建立的映射坐标纹理贴图，映射为红、绿通道。该效果可用于检验 UV 贴图的正确性，或作为贴图信息被置换图等效果调用，以扭曲画面。

· 曲面法线：该通道映射物体表面法线到 RGB 通道。

· 覆盖范围：该通道特性被众多的 3D 应用程序所支持。该通道被用于标记物体边缘或拓扑，以提供抗锯齿或更精确的物体边缘交叠。

- 背景 RGB：该通道包含背景的 RGB 像素信息，经常用于存储动态环境，比如在 3D 程序中由程序贴图创建的天空或地面。

- 非固定 RGB：该通道包含 3D 应用程序的色彩信息，影响最终渲染的曝光值与亮度调整。

- 材质 ID：在 3D 应用程序中每个材质都有一个单独的 ID。可以使用该贴图快速选择某种材质。

- 黑场：映射选择通道的某个数值为最终图像的纯黑部分。

- 白场：映射选择通道的某个数值为最终图像的纯白部分。

9.2.2 深度遮罩效果

该效果可以提取 3D 图像的 z 轴信息，比如，可以去除 3D 场景中的背景元素，或者在 3D 场景中添加一个新物体（见图 9-2-3）。

图 9-2-3

随需设置参数（见图 9-2-4）。

图 9-2-4

- 深度：提取某个特定 z 轴范围内的物体，若所有物体小于该数值深度，则被透明处理。

- 羽化：遮罩边缘的羽化程度。

- 反转：反转提取范围。若 z 轴范围内的所有物体大于该数值深度，则被透明处理。

9.2.3 场深度效果

该效果可以模仿摄像机的对焦效果。该效果调用导入的 3D 场景中的深度信息，并指定相应的对焦平面（见图 9-2-5）。

图 9-2-5

随需设置参数（见图 9-2-6）。

图 9-2-6

- 焦平面：即对焦点与摄影机在 z 轴上的距离。

- 最大半径：对焦平面外非对焦区域的模糊程度。

- 焦平面厚度：对焦平面外多少距离内为清晰范围。

- 焦点偏移：值越大，物体在对焦平面距离越大，则越容易脱离焦点。

9.2.4 雾 3D 效果

该效果可以模拟真实的空间雾化效果。在一个真实的场景中，由于空气与灰尘的作用，物体在 z 轴方向距离摄像机越远，雾化效果越明显（见图 9-2-7）。

图 9-2-7

随需设置参数（见图 9-2-8）。

图 9-2-8

· 雾开始深度：从 z 轴的某个位置开始产生雾化效果。

· 雾结束深度：从 z 轴的某个位置开始结束雾化效果。

· 雾不透明度：雾化透明度，设置雾化效果的程度。

· 散布浓度：雾化密度扩散，确定雾化扩散的速度，值越大，雾化密度在开始位置越明显。

· 多雾背景：创建雾化背景（默认）。如果取消勾选则 3D 场景底部为透明显示，可以用于与其他场景合成。

· 渐变图层：可以指定一个灰度图像作为该参数的控制层，该控制层的亮度可以影响雾化强度。

· 图层贡献：该渐变层影响雾化效果的程度。

9.2.5　ID 遮罩效果

诸多 3D 程序可以将元素划分为特定的物体 ID，该效果可以指定特定 ID 物体显示在场景中，其他物体不可见（见图 9-2-9）。

图 9-2-9

随需设置参数（见图 9-2-10）。

图 9-2-10

- 辅助通道：选择要提取物体的物体 ID 或材质 ID。

- ID 选择：选择某一个特定 ID。

- 羽化：选择提取物体的边缘羽化程度。

- 反转：将选择反转，选择除某个特定 ID 外的其他所有物体。

- 创建清除蒙版，可以清除物体背后和边缘的隐藏色彩。仅当 3D 图像包含清除通道时才可使用。

9.3　模糊和锐化

　　一般来说，模糊效果会对一个像素周围区域平均采样，然后赋予该区域内的像素一个平均值，这个采样区域越大，理论上来说模糊值越大。某些模糊效果（比如快速模糊）提供重复边缘像素设置，选择这个设置可以让边缘区域因模糊而使像素扩散程度降到最低；如果没有这个设置，则在图像边缘部分，由于模糊的作用，不会存在任何像素。

9.3.1　双向模糊效果

　　双向模糊效果可以选择性地模糊图像中的某些部分，而保留画面中事物的边缘与细节。图像中对比度比较低的地方被选择性模糊，对比度比较高的地方被选择性保留。该效果产生的模糊效果与 Photoshop 中的表面模糊滤镜比较接近（见图 9-3-1）。随需设置参数（见图 9-3-2）。

图 9-3-1

图 9-3-2

· 半径：数值越大，图像的模糊程度越大。

· 阈值：模糊阈值，确定图像中高于多少对比度的部分可以不模糊，低于这个数值就会产生模糊效果，是保持边缘的主要设置参数。如果这个数值设置得比较低，则会得到更多的细节；反之则得到更为简化的效果。

· 彩色化：勾选后会显示原本的图像色彩，未勾选则只能产生黑白图像。

9.3.2 方框模糊效果

该效果与快速模糊或高斯模糊相似，但它有一个重要的优势，就是可以控制模糊质量，这样用户可以在质量与渲染速度之间指定一个平衡点。随需设置参数（见图 9-3-3）。

图 9-3-3

· 模糊半径：即模糊大小。

· 迭代：模糊效果的精度，该值越高，渲染质量越高，速度越慢。

9.3.3 通道模糊效果

该效果可以直接对红、绿、蓝甚至 Alpha 通道进行模糊处理。随需设置参数（见图 9-3-4）。

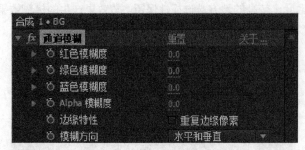

图 9-3-4

如果素材在一个主要通道中包含更多的噪波，比如，以 MPEG 编码压缩的视频影像，可能在蓝通道中包含更多的噪波，就可以用该效果对蓝通道进行模糊。

9.3.4 复合模糊效果

该效果可以对模糊效果进行精确控制，而不仅仅局限于整体模糊值大小。

通过调用贴图，该效果可以设置图像的不同位置具有不同程度的模糊效果，一切根据贴图亮度确定，比如图像比较亮的位置模糊程度比较大，比较暗的位置模糊程度比较小（见图9-3-5）。

图 9-3-5

随需设置参数（见图9-3-6）。

图 9-3-6

· 最大模糊：设置图像中最大模糊程度的大小，位置默认由贴图的纯白位置决定。

· 如果图层大小不同：如果贴图大小与图像大小不匹配，激活该选项可以使贴图大小自动匹配为图像大小。

9.3.5 定向模糊效果

方向模糊可以将模糊效果限定在某个方向，造成一种视觉运动感（见图9-3-7）。

图 9-3-7

随需设置参数（见图 9-3-8）。

图 9-3-8

· 方向：模糊方向的角度。

· 模糊长度：模糊程度。

9.3.6 快速模糊效果

该效果产生的模糊效果与高斯模糊接近，但是速度更快（见图 9-3-9）。

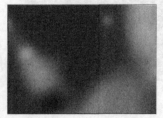

图 9-3-9

随需设置参数（见图 9-3-10）。

图 9-3-10

· 模糊度：模糊程度。

· 模糊方向：模糊方向，可设置为水平方向、垂直方向或水平和垂直方向。

· 重复边缘像素：当模糊时，层边缘的像素不会出现半透明扩散。

9.3.7　高斯模糊效果

该效果可以模糊图像或清除噪波，层的质量设置不影响高斯模糊的最终效果（见图 9-3-11）。

图 9-3-11

随需设置参数（见图 9-3-12）。

图 9-3-12

· 模糊度：模糊程度。

· 模糊方向：模糊方向，可设置为水平方向、垂直方向或水平和垂直方向。

9.3.8　镜头模糊效果

该效果可以模糊摄像机对焦与脱焦产生的景深效果。模糊效果基于控制景深效果的贴图层，根据贴图层的变换产生不同的模糊效果。

该效果与复合模糊类似，但它提供了更多的模糊形态，更接近于真实的景深效果（见图 9-3-13）。

图 9-3-13

随需设置参数（见图 9-3-14）。

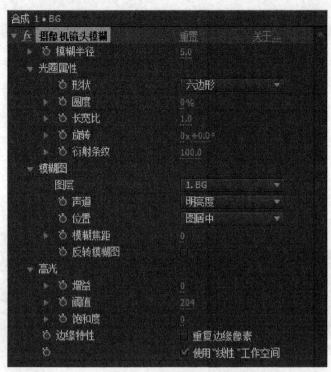

图 9-3-14

· 模糊半径：模糊形状半径大小，该值影响模糊程度。

· 形状：指定某种多边形作为模糊形状。

· 圆度：模糊形状边缘圆度。

· 长宽比：模糊形状拉伸为正圆或椭圆。

· 旋转：模糊形状旋转大小。

· 衍射条纹：增加镜头衍射出现的条纹效果。

· 图层：选择控制模糊程度的贴图，模糊程度根据该贴图的亮度确定。

· 声道：提取贴图的某个通道，根据这个通道的亮度作为模糊贴图。该通道中比较暗的像素代表距离摄像机更近（模糊程度小），比较亮的像素代表距离摄像机更远（模糊程度大）。选中"反转模糊贴图"可以将贴图的黑白影像反转。

· 位置：对焦平面深度，指定贴图中何种亮度为对焦位置，其他像素无论比该像素亮或比该像素暗，都会处于焦点之外。

- 增益：镜面高光强度。

- 阈值：镜面反射阈值，所有像素高于指定亮度则显示为镜面高光效果。

- 饱和度：增加模糊的饱和度。

- 重复边缘像素：在模糊的同时，保持图像边缘的不透明性。

- 使用"线性"工作空间：将工作空间限定在 8 位线性范围。

9.3.9 径向模糊效果

该效果可以模拟围绕对焦点的模糊效果，比如旋转或推拉摄影机产生的特殊模糊效果（见图 9-3-15）。

图 9-3-15

随需设置参数（见图 9-3-16）。

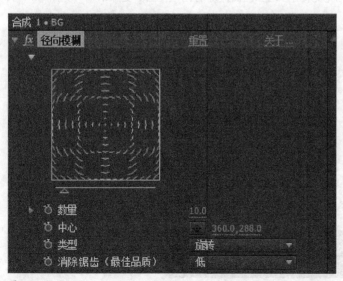

图 9-3-16

- 数量：模糊程度。

- 中心：对焦点位置。

- 类型：可设置为旋转方式或缩放方式，采用不同的方式会产生不同的模糊效果。无论选取哪种方式，对焦点位置总是清晰的。

- 消除锯齿（最佳品质）：抗锯齿选项可以提供更高的渲染质量，可设置为低或高。

9.3.10　减少交错闪烁效果

该效果可消除隔行扫描产生的闪烁问题，使图像在隔行扫描设备（诸如电视）上播放时具有更平滑的显示效果。随需设置参数（见图9-3-17）。

图 9-3-17

例如，图像水平方向上的一条清晰线条在电视上播放会产生闪烁，该效果通过提供垂直方向上的轻微模糊来解决类似问题。

9.3.11　锐化效果

与模糊效果产生的作用相反，该效果可以增强画面边缘对比，使画面更加清晰（见图9-3-18）。

图 9-3-18

随需设置参数（见图9-3-19）。

图 9-3-19

9.3.12 智能模糊效果

该效果可以指定图像中对比较强的区域保持清晰，对比较弱的区域受到模糊影响（见图 9-3-20）。

图 9-3-20

随需设置参数（见图 9-3-21）。

图 9-3-21

· 半径：模糊半径，即调整模糊大小。

· 阈值：指定图像高于多少对比则区域保留细节，低于该对比则区域被模糊处理。

· 模式：定义图像的什么位置受到模糊影响。正常定义模糊应用到整个图像，仅限边缘与叠加边缘定义模糊效果仅保留边缘像素或将边缘叠加到正常模式产生的效果之上。

9.3.13 钝化蒙版效果

该效果可以增强色彩或亮度像素边缘的对比，从而使画面更加清晰（见图 9-3-22）。

图 9-3-22

随需设置参数（见图 9-3-23）。

图 9-3-23

· 数量：即锐化程度。

· 半径：锐化基于像素对比，该参数用于定义距离高对比像素边缘多少范围的像素受到锐化影响。

· 阈值：多少对比度以下不受到锐化影响，调整该参数可以控制某些低对比边缘不被锐化。

9.4 通道效果

9.4.1 Alpha 色阶

该效果可以直接对图像的 Alpha 通道的明度进行调节，Alpha 通道的明度代表层的透明度，其明度越高，层越不透明。随需设置参数（见图 9-4-1）。

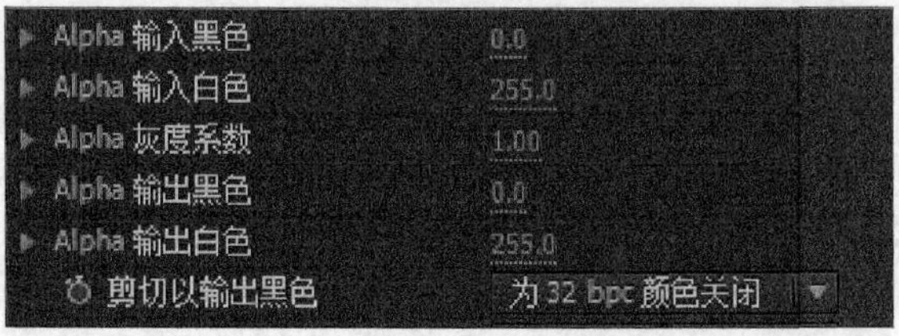

图 9-4-1

· Alpha 输入黑色：调整输入色阶的黑色区域，即对应图像的透明区域。

· Alpha 输入白色：调整输入色阶的白色区域，即对应图像的不透明区域。

· Alpha 输入系数：伽马值，整体调整画面的明度。

· Alpha 输出黑色：调整输出色阶的黑色区域，该值用于定义图像可产生的最小的透明值，0 代表完全透明。

· Alpha 输出白色：调整输出色阶的白色区域，该值用于定义图像可产生的最大的透明值，255 代表完全不透明。

9.4.2　算术效果

该效果提供了许多基于红、绿、蓝通道的简易数学运算。随需设置参数（见图 9-4-2）。

图 9-4-2

- 运算符：该参数提供像素混合运算方式。

- 与、或和异或：应用位逻辑运算。

- 相加、相减和差值：应用基本的数学运算。

- 最大：设置通道中的像素值到最大定义值。

- 最小：设置通道中的像素值到最小定义值。

- 上界：通道中的像素值如果大于定义值，则返回 0（最小）值，反之则不发生改变。

- 下界：通道中的像素值如果小于定义值，则返回 0 值，反之则不发生改变。

- 限制：通道中的像素值如果大于定义值，则返回 1.0（最大）值，反之则返回 0 值。

- 滤色：将设置的通道值与原始图像混合，得到的最终结果比所有像素要亮。

- 相乘：将设置的通道值与原始图像混合，得到的最终结果比所有像素要暗。

- 剪切结果值：控制混合的色彩不超出合理范围，以解决边缘色彩溢出问题。

9.4.3　混合效果

该效果可以使用 5 种混合模式混合两个层，得到最终结果。使用层的混合模式可以简单地进行图像混合，但不能像混合效果这样对混合模式设置关键帧动画。随需设置参数（见图 9-4-3）。

- 与图层混合：选择与该层进行混合的层。

- 模式：效果提供的混合模式。

- 交叉淡化：产生两层淡入、淡出效果。

- 仅颜色：根据指定的层的色彩产生本层的着色效果。

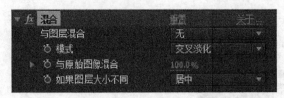

图 9-4-3

· 仅色调：仅对本层中饱和度不为 0 的像素进行着色处理。

· 仅变暗：同一位置的本层像素如果比指定层像素亮，则显示指定层。

· 仅变亮：同一位置的本层像素如果比指定层像素暗，则显示指定层。

· 与原始图像混合：产生的效果与原始层之间进行透明度混合的百分比，如果值为 100，则仅显示原始层，不产生任何效果。

· 如果图层大小不同：如果贴图大小与原始层大小不一致，则匹配贴图层大小为原始层大小。

9.4.4 计算效果

该效果可以将原始层的某个通道提取出来，与提取的贴图层的某个通道进行运算，得到最终结果。随需设置参数（见图 9-4-4）。

图 9-4-4

· 输入通道：指定原始层需要计算的通道，R、G、B、A 分别代表红、绿、蓝与 Alpha 通道。灰色通道代表明度通道。

· 反转输入：反转指定通道明度。

· 第二个图层：指定要计算的贴图层，该层与原始层进行计算。

- 第二个图层通道：指定贴图层需要计算的通道。

- 第二个图层不透明度：贴图层的透明度。

- 反转第二个图层：反转贴图层的指定通道明度。

- 伸缩第二个图层以适合：如果贴图大小与原始层大小不一致，则匹配贴图层大小为原始层大小。

- 保持透明度：保持透明度，确保原始层的 Alpha 通道没有被修改。

9.4.5　通道合成器效果

　　该效果可以提取、显示或调整层的通道，通过该效果可以提取层中任何一个通道的黑白图像或计算后的图像。随需设置参数（见图 9-4-5）。

- 使用第二个图层：是否使用第二个层参与运算。

图 9-4-5

- 自：选择某个选项作为输入。该下拉列表中的某些选项提供多通道混合输入、输出设置。

- 反转：反转计算完成的输出通道。

- 纯色 Alpha：使 Alpha 通道值始终为 1.0，即保持不透明度。

9.4.6　复合运算效果

　　该效果提供原始层与贴图层之间的混合计算效果。随需设置参数（见图 9-4-6）。

- 与图层混合：选择与该层进行混合的层。

- 模式：效果提供的混合模式。

- 交叉淡化：产生两层淡入、淡出效果。

- 仅颜色：根据指定的层的色彩产生本层的着色效果。

图 9-4-6

- 第二个源图层：指定参与计算的贴图层。

- 运算符：指定原始层与贴图层之间的计算操作。

- 在通道上运算：效果应用计算到指定通道。

- 溢出特性：指定如果计算后超过 0 ~ 255 灰度范围应如何处理。

- 剪切：计算值高于 255，统一指定为 255；低于 0，统一指定为 0。

- 回绕：计算值高于 255 或低于 0 会自动折回到 0 ~ 255 范围。

- 缩放：匹配计算的最大值到 255，最小值到 0，中间范围自动匹配。

- 伸缩第二个源以适合：如果贴图大小与原始层大小不一致，则匹配贴图层大小到原始层大小。

9.4.7 反转效果

该效果可以对图像的某个通道信息进行反转明度处理，从而产生奇异的效果（见图 9-4-7）。

图 9-4-7

随需设置参数（见图 9-4-8）。

- 通道：选择需要反转的通道。

- RGB/ 红 / 绿 / 蓝：RGB 反转 3 个色彩通道，红、绿与蓝可单独反转某个色彩通道。

- HLS/ 色相 / 亮度 / 饱和度：HLS 反转色相、亮度与饱和度 3 个通道，色相、亮度与饱和度单独反转色相、亮度与饱和度通道。

图 9-4-8

· YIQ/ 明亮度 / 相内彩色度 / 球积彩色度：YIQ 反转 NTSC 制式的亮度与着色通道，Y（Luminance）、I（In Phase Chrominance）和 Q（Quadrature Chrominance）可单独反转特定通道。

· Alpha：反转透明通道。

· 与原始图像混合：计算得到的效果与原始层进行透明混合。

9.4.8　最小 / 最大效果

该效果可以将指定通道的像素计算并扩展为具备一定半径的区域，同时指定该区域中的像素显示最大亮度或最小亮度。该效果经常用于收缩或扩展亮度蒙版。随需设置参数（见图 9-4-9）。

图 9-4-9

· 操作：指定运算方式。最小指定显示像素以采样半径内像素的最小值代替所有像素。最大指定显示像素以采样半径内像素的最大值代替所有像素。

· 方向：可选择处理水平或垂直方向，或者水平和垂直。

9.4.9　移除颜色遮罩效果

该效果可以去除 Premultiplied（预乘）型色彩通道产生的杂色边缘。在解释通道的时候，如果将预乘型通道的原始背景色解释为其他背景色，则会出现杂边。

该效果同样可以去除键控后未除尽的边缘（见图 9-4-10）。

随需设置参数（见图 9-4-11）。

使用背景颜色参数后面的吸管工具直接吸取边缘色彩即可。

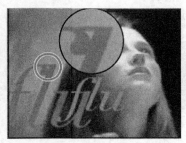

图 9-4-10

图 9-4-11

9.4.10 设置通道效果

该效果可以使层的红、绿、蓝与 Alpha 通道的信息被其他层的某个通道替换。该效果可以分别为 4 个通道设置 4 个贴图，并分别提取这 4 个贴图的某个通道信息替换选择的通道。随需设置参数（见图 9-4-12）。

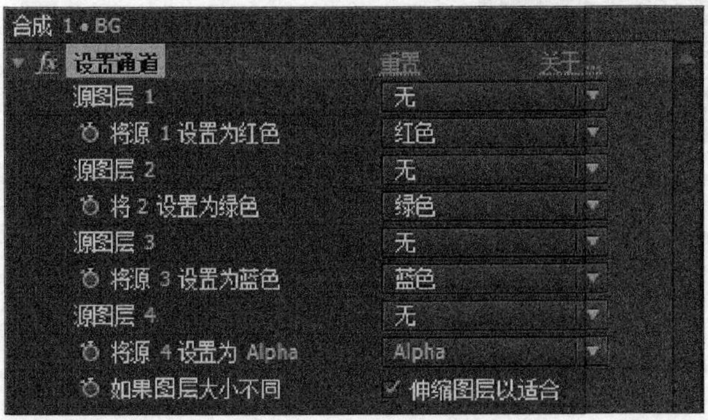

图 9-4-12

9.4.11 设置遮罩效果

该效果可以使层的 Alpha 通道信息由其他贴图替换，即由贴图的某个通道影响层的透明信息。该效果与时间轴面板上的 TrkMat 功能类似，同样是指定层的透明遮罩。TrkMat 的遮罩层必须在显示层之上，而设置遮罩创建的遮罩效果对贴图没有这个要求（见图 9-4-13）。

随需设置参数（见图 9-4-14）。

图 9-4-13

图 9-4-14

- 从图层获取遮罩: 选择遮罩层。

- 用于遮罩: 选择遮罩层的某个通道作为层的透明蒙版。

- 反转遮罩: 反转遮罩层亮度, 即将透明与显示反相。

- 伸缩遮罩以适合: 如果贴图大小与原始层大小不一致, 则匹配贴图层大小到原始层大小。

- 将遮罩与原始图像合成: 产生的遮罩效果与原始层之间进行透明度混合。

- 预乘遮罩图层: 将产生的遮罩层与原始层进行预乘处理。

9.4.12 转换通道效果

该效果可以设置层的红、绿、蓝与 Alpha 通道的信息被本层的某个通道替换。随需设置参数 (见图 9-4-15)。

图 9-4-15

从获取颜色：选择本颜色通道被何种通道替换。

9.4.13 固态层合成效果

该效果提供了一种快速方式，可以将固态层与原始层进行色彩混合。随需设置参数（见图9-4-16）。

图 9-4-16

· 源不透明度：原始层的透明度。

· 颜色：固态层色彩。

· 不透明度：固态层的透明度。

· 混合模式：固态层与原始层以何种混合模式混合在一起。

9.5　颜色校正效果

9.5.1　自动颜色与自动对比度

自动颜色效果用于调整图像的色彩与对比度，该效果可分析图像的暗调、中间调与高光部分来进行调整。随需设置参数（见图9-5-1）。

图 9-5-1

自动对比度效果用于调整全局对比度与色彩。随需设置参数（见图9-5-2）。

图 9-5-2

这两个效果都可以将图像中最亮的像素与最暗的像素分别定义为图像的纯白点与纯黑点，从而使灰阶亮度更丰富，拉开画面层次。自动对比度与自动颜色效果不会单独调整各个色彩通道，主要是对画面亮度进行调整。

自动色阶效果与自动颜色和自动对比度效果具有很多相同的参数，实现的也是类似的效果。

· 瞬时平滑：时间平滑，处理帧与周围帧之间的色彩与亮度融合，该参数可以使画面过渡得更加平滑。如果该值为 0，则每一帧都是独立进行分析与调整，与其他帧没有关联。

· 场景检测：在开启时间平滑时，可以自动探测场景，如随着时间变化场景发生切换（即影片被剪辑），则重新开始计算时间平滑。

· 修剪黑色、修剪白黑色：拖动滑块可变暗图像的暗部，变亮图像的亮部。

· 保持中间调（自动颜色才有该参数）：保持中间调，使色彩调整更加自然。

· 与原始图像混合：在调整结果与原始层之间设置透明度混合。

9.5.2 自动色阶效果

该效果可以重映射每一个通道的高光与暗调值到纯白与纯黑值，并会修改中间调，调整图像的整体明暗效果。与前面的两个自动调整效果不同，自动色阶会分别修改 3 个通道，由于 3 个通道的明度不同，最终调整结果会影响色彩（见图 9-5-3）。

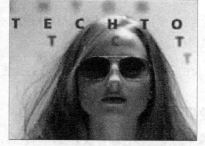

图 9-5-3

随需设置参数（见图 9-5-4）。

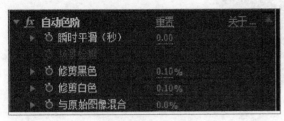

图 9-5-4

9.5.3 亮度和对比度效果

该效果可以调整图像的亮度与对比度，该效果直接调整图像的明度，因此不会对图像色彩产生影响。随需设置参数（见图 9-5-5）。

图 9-5-5

9.5.4 广播颜色

该效果可以将图像的亮度或色彩值保持在电视允许的范围内，色彩由色彩通道的亮度产生，因此该效果主要是限制亮度，亮度在视频模拟信号中对应于波形的振幅。随需设置参数（见图 9-5-6）。

图 9-5-6

· 广播区域设置：影片的播出标准，可设置为 NTSC 或 PAL。

· 确保颜色安全的方式：采用何种方式减弱信号振幅。分为降低明亮度、降低饱和度、抠出不安全区域和抠出安全区域四种选择。

· 最大信号振幅（IRE）：IRE 单位下的最大振幅，在该数值以上的振幅将被更改。

9.5.5 更改颜色效果

该效果可以将图像中的某一种色彩替换为其他的色彩，可同时修改指定色彩的亮度与饱和度。随需设置参数（见图 9-5-7）。

图 9-5-7

· 视图："校正的图层"用于显示最终调整效果。"颜色校正蒙版"用于显示选择色彩的灰度选区，偏白色区域代表受到更多的色彩调整影响，偏黑色区域代表受到比较少的色彩调整影响。

· 色相变换：调整选择色色相的变化。

· 亮度变换：调整选择色亮度的变化。

· 饱和度变换：调整选择色饱和度的变化。

· 要更改的颜色：指定需要调整的色彩，即选择色。

· 匹配容差：与选择色的接近程度在多少范围内同样受到色彩调整的影响。

· 匹配饱和度：选择色彩选区的羽化，一个较大的羽化值可使色彩变化不会太生硬。

· 匹配颜色：定义调整结果色的色彩空间。

· 反转颜色校正蒙版：反转色彩调整选区，即勾选该项后除选择的色彩不变外，其他色彩都受到调色影响。

9.5.6　更改为颜色

该效果可以选择图像中的一种色彩，将其转换为另外一种指定的色彩。该效果可修改选择色的色相、亮度、饱和度值，而图像中的其他色彩不受到调色影响（见图 9-5-8）。

图 9-5-8

随需设置参数（见图 9-5-9）。

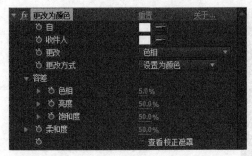

图 9-5-9

· 自：需要被修改替换的原始色彩。

· 收件人：需要修改替换的最终色彩。

· 更改：效果允许影响原始色彩的哪个或哪些通道。

· 更改方式：如何修改色彩。"设置为颜色"：直接将选择色替换为结果色；"变化为颜色"：选择色使用 HLS 运算方式向结果色进行色相偏移，由于选择色有容差的作用，并不是所有的色彩都是拾取的原始选择色。选择这种方式，原始选择色会与结果色吻合，其他色彩会产生一定的色相偏移，这个色相偏移程度由选择色的容差确定。

· 容差：选择色的容差，分为"色相"、"饱和度"、"亮度"三种类型。增加该参数会选择与选择色接近的其他色彩。

· 柔和度：选择的色彩与未选择色彩之间的选区过渡，一个较大的羽化值可使色彩变化不会太生硬。

· 查看校正遮罩：显示调色蒙版，显示的灰度图像表明在某些范围内受到色彩调整影响，偏白色区域代表受到更多的色彩调整影响，偏黑色区域代表受到比较少的色彩调整影响。

9.5.7　通道混合器

该效果可以单独调整某一个色彩通道的亮度，亮度调整是以另一个通道的亮度作为调整蒙版，蒙版通道亮的地方调色效果明显，暗的地方调色效果不明显。随需设置参数（见图 9-5-10）。

· [输出通道]-[输入通道]：该数值以百分比显示，输入通道的百分比值会添加到输出通道的百分比值。举例来说，红色 - 绿色设置为 10% 表示以绿通道为蒙版调亮红通道 10 的亮度。

· [输出通道]- 恒量：某恒值会添加到输出通道的百分比值。举例来说，红色 - 恒量 设置为 100 表示红通道的每个像素增加 100% 的亮度。该增长是纯粹的，没有任何蒙版因素。

· 单色：勾选该项后输出为黑白图像。

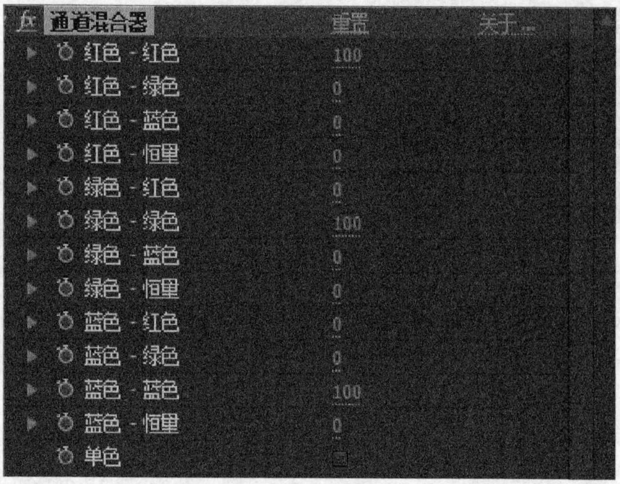

图 9-5-10

9.5.8 颜色平衡效果

该效果可以分别调整暗调、中间调和亮调的红、绿、蓝通道，从而产生色彩偏移效果，一般用来矫正色偏。随需设置参数（见图 9-5-11）。

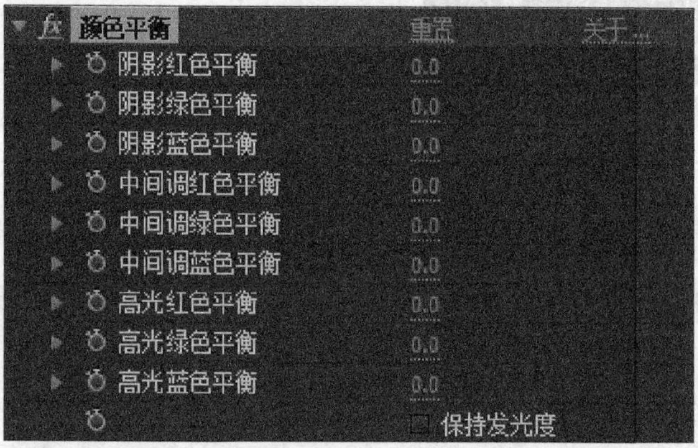

图 9-5-11

保持发光度：由于红、绿、蓝通道的变化同时会影响亮度的变化，勾选该选项可以保持平均亮度，使该效果仅调整色偏，不影响亮度。

9.5.9 颜色平衡（HLS）效果

颜色平衡（HLS）效果可以调整图像的色相、亮度与饱和度，从而达到色彩变化的目的。随需设置参数（见图 9-5-12）。

图 9-5-12

该效果主要用于早期在 After Effects 中创建的包含该效果的项目文件。现在调整类似效果可以通过"色相／饱和度"命令来实现。

9.5.10　颜色链接效果

该效果的作用是匹配两个层的亮度与色彩，使其感觉在同一个场景中。随需设置参数（见图 9-5-13）。

图 9-5-13

· 源图层：指定需要进行色彩匹配的层。

· 示例：采样，定义以何种方式采样指定层，从而得到该层最有代表性的像素，该操作可通过选择的方式将源图层变为一个纯色层。

· 剪切：采样得到的纯色层与原始层之间的透明度混合。

· 模板原始 Alpha：该效果是否保持原始层的透明信息。

· 混合模式：采样得到的纯色层与原始层之间使用何种混合模式进行混合，通过混合模式的选择可确定最终混合结果。

9.5.11　颜色稳定器效果

该效果可在图像中的某个参考帧中分别采样暗调、亮调和中间调 3 个位置的色彩与亮度，当影片的色彩发生变化时，该效果可将定义的 3 个位置的亮度和色彩始终保持为原始采样状态，从而使影片的色彩稳定下来。随需设置参数（见图 9-5-14）。

图 9-5-14

· 稳定：选择稳定画面的方式。分为三种方式。亮度：仅稳定画面的亮度，提供 1 个可控采样点；色阶：稳定画面的亮度与色彩，提供 2 个可控采样点；曲线：稳定画面的亮度与色彩，提供 3 个可控采样点。

· 黑场：将该点放置在需要稳定的暗部。

· 中点：将该点放置在需要稳定的中间调位置。

· 白场：将该点放置在需要稳定的亮调位置。

· 样本大小：采样点的采样半径大小。

9.5.12 色光效果

该效果是一种复杂而强大的效果，可以在指定图像上根据亮度差异创建需要替代的色彩，并可设置动画。该效果可以通过提取图像的某个特定通道或多个通道计算得到一个黑白图像，并根据该图像的亮度进行着色。比如，可以将图像的暗部设置为红色，亮部设置为黄色等。随需设置参数（见图 9-5-15）。

图 9-5-15

1. 输入相位

该属性用于定义着色效果基于原始图像的什么通道产生，以及对该通道的运算及变化。随需设置参数（见图 9-5-16）。

图 9-5-16

· 换取相位，自：定义着色效果基于原始层的某个通道产生。

· 添加相位：指定提取输入通道的第二个层，如果不指定该层，则原始层提取的通道不进行任何运算，直接进行着色处理。

· 添加相位，自：指定第二个层的着色运算通道。

· 添加模式：这两个层选择的通道以何种方式进行运算。

· 相移：定义结果通道的亮度偏移，并直接对着色效果产生色彩偏移影响。

2. 输出循环

输出色环用于定义着色结果。随需设置参数（见图 9-5-17）。

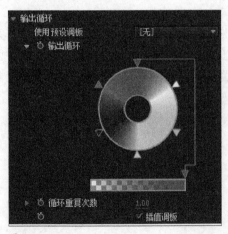

图 9-5-17

· 使用预设面板：输出色环的预设，展开下拉列表，可以定义一些 Adobe 提供的色彩方案。

· 输出循环：通过色环自定义着色方式。色环左上方映射贴图的纯白位置，右上方映射贴图的纯黑位置，整个色环为从纯黑到纯白的亮度过渡。色环上的小三角滑块用于定义在不同亮度的着色，两个三角滑块之间的色彩可以进行自由过渡，色环共可定义 1 ~ 64 个不同的着色三角。

· 循环重复次数：色环重复，默认情况下着色色环对应图像提取通道的整个亮度。调整该数值可定义整个亮度对应多个色环循环，即产生更丰富的色彩变化。

· 差值面板：定义两个着色三角之间的色彩是否平滑过渡。

3. 修改

修改用于定义色光 效果允许修改何种色彩属性，比如，可以设置着色效果仅仅影响色彩，那么图像的亮度就不会根据色环的变化而改变。随需设置参数（见图 9-5-18）。

图 9-5-18

· 修改：需要修改的色彩属性。

· 修改 Alpha：着色效果是否影响源图像的 Alpha 通道。

· 更改空像素：着色效果是否影响源图像的完全不透明区域，该选项必须在 "Modify Alpha" 选项选中的情况下才可以勾选。

4. 像素选区

该属性可设置效果影响图像中的哪些像素。随需设置参数（见图 9-5-19）。

图 9-5-19

· 匹配颜色：色光效果影响的色彩。临时关闭色光效果可以查看该选项的影响。

· 匹配容差：色环上距离选择色多少范围内的色彩可以被选择。

· 匹配柔和度：选择色与非选择色之间的羽化过渡。

· 匹配模式：色彩匹配模式，一般当贴图为高对比度时指定为 RGB，而当层为图片的时候指定为色相。

5. 蒙版

可以指定一个层作为着色效果的蒙版，该层可以控制着色效果显示在某些特定范围内。随需设置参数（见图 9-5-20）。

图 9-5-20

· 蒙版：指定蒙版层。

· 蒙版模式：选择蒙版层的某个通道作为蒙版使用。

· 在图层上合成：选择着色后的效果与原始层之间的混合。

· 与原始图像混合：着色后的效果与原始层之间的透明度混合。

9.5.13　曲线效果

该效果可以对图像的所有 RGB 范围进行调整，调整既包括亮度，也包括色彩。After Effects 中可以调整亮度和色彩的效果很多，比如色阶等。但是色阶仅提供 3 个滑块来控制图像的暗调、中间调和亮调，而曲线可以提供更加精确的控制。

曲线默认没有标注曲线图表坐标。

x 轴即水平轴代表输入的亮度，也就是原始画面的亮度，这个亮度从左到右代表从纯黑到纯白的亮度范围，也就是越往右，代表原始画面中越亮的区域（见图 9-5-21）。

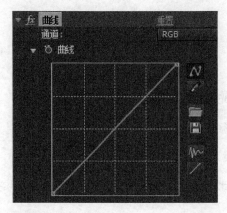

图 9-5-21

y 轴即垂直轴代表输出的亮度，也就是调整之后画面的亮度，这个亮度从下到上代表从纯黑到纯白的亮度范围，越往上，代表调整之后画面中越亮的区域。

利用曲线可以直接对当前选择通道的某个特定亮度进行明暗调整。如果调整 RGB 通道，就会修改图像的亮度；如果分别调整红色、绿色、蓝色通道，则会修改图像的红、绿、蓝色彩通道的亮度，修改色彩通道亮度也就修改了色彩；如果调整 Alpha 通道的亮度，则修改图像的透明度。

单击曲线可以添加控制点，可以添加多个控制点来精确控制图像，随需设置参数（见图 9-5-22）。

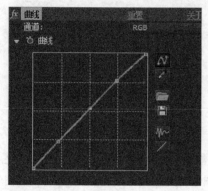

图 9-5-22

拖曳控制点到曲线外部可以删除控制点。

将控制点上移则该控制点位置的图像亮度变亮，下移则变暗。利用曲线可以设置图像某特定亮度的像素变亮或变暗，从而达到精确控制图像亮度的目的（见图 9-5-23）。

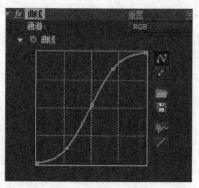

图 9-5-23

9.5.14 色调均化效果

该效果可以调整图像的亮调位置，可以将图像中比较亮的区域再次提高亮度，经常用于对人物皮肤的调整，容易得到美白效果。该效果与 Photoshop 中的色调均化滤镜的功能相同（见图 9-5-24）。

图 9-5-24

随需设置参数（见图 9-5-25）。

图 9-5-25

· 色调均化：RGB 控制图像基于红、绿、蓝 3 个通道的亮度分别进行调整并最终进行混合。亮度控制图像基于亮度通道进行直接调整。Photoshop 样式可将图像的亮度值重新分配，从而得到更细分的色阶值，理论上运算得到的图像具有更多的层次。

· 色调均化量：亮度值运算叠加的程度，该值越大，运算效果越明显。

9.5.15　曝光度效果

该效果可以通过调整图像的亮度或单个通道来修改图像的亮度或色调。该效果可模拟摄像机的曝光程度，增加或降低摄像机光圈大小。随需设置参数（见图 9-5-26）。

图 9-5-26

· 通道：选择曝光度效果调整的通道。"主要通道"：同时调整所有通道；"单个通道"：分别调整选择的某个通道。

· 暴光度：模拟摄影机的曝光设置。

- 偏移: 使亮调、中间调、暗调的亮度整体偏移, 将画面整体调亮或调暗。

- 灰度系数校正: 伽马值调整。调整该参数可以让图像偏亮或偏暗, 主要是调整图像的中间调。

9.5.16 灰度系数 / 基值 / 增益效果

该效果的调整效果与曲线类似, 相当于分别调整亮度或红、绿、蓝通道的暗调、中间调和亮调, 但是没有提供曲线那样精确的调整。该效果提供的暗调、亮调、中间调范围不可以修改。随需设置参数 (见图 9-5-27)。

图 9-5-27

- 黑色伸缩: 调整明度通道中比较暗的像素部分。

- 灰度系数: 控制选择通道的中间调亮度范围。

- 基值和增益: 分别控制选择通道的暗部和亮部范围。

9.5.17 色相 / 饱和度效果

该效果可以调整图像的色相、饱和度和明度。该效果可以针对于某一种色相, 也可以对整个图像进行调色处理, 该效果的调色效果基于色环偏移。如果使用该效果提供的上色参数, 则可对图像直接上色, 而抛弃图像原始的色彩信息。随需设置参数 (见图 9-5-28)。

- 通道控制: 选择需要调整的色彩, 调色效果会在选择的色彩区域内进行。如果选择"主"可以对所有色彩进行修改。

- 通道范围: 色彩范围, 通过"通道范围"下拉列表指定。两个色彩条表示色彩在色环上的分布状态。上面的色彩条显示用户选择并需要修改的色彩, 下面的色彩条显示该色彩对应的修改色。两个色彩条的状态默认是一样的, 即不产生色彩偏移, 通过效果的调色命令可以调整色彩条的色彩变化。

- 主: 定义色彩偏移值, 拖曳色相环, 色彩会发生改变。

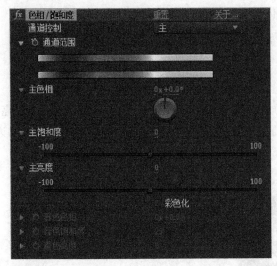

图 9-5-28

· 主饱和度、主亮度：分别定义饱和度与亮度的变化。

· 彩色化：勾选该选项可以对图像去色并重新着色，色彩着色效果为单色着色。

· 着色色相、着色饱和度、着色亮度：分别指定图像的色相、饱和度、亮度的着色效果。

9.5.18　保留颜色效果

该效果可以指定将图像中特定色彩范围内的色彩保留，其余色彩全部进行去色处理，从而起到突出主要色彩的目的。随需设置参数（见图 9-5-29）。

· 脱色量：设置去色的程度，如果该值为 0% 则不产生任何效果，如果该值为 100% 则将除选择色外的其他所有色彩全部去除。

图 9-5-29

· 保留颜色：选择需要保留的色彩。

· 容差：色彩匹配容差，0% 代表仅选择色保留，100% 代表所有色保留，即没有变化。该值越大，与选择色接近于一定程度内的色彩会被更多地选择进来。

· 边缘柔和度：选择色彩边缘的羽化，在选择色与非选择色之间进行一定程度的过渡。

· 匹配颜色：定义对使用 RGB 或使用 HSB 色彩模式进行计算，一般来说，选择 RGB 会得到更严格的匹配。

9.5.19　色阶效果

该效果可以将原始图像的色彩通道或 Alpha 通道映射到一个新的输出通道上，该输出通道可以将原始通道的亮度、色彩与透明信息重新定义。该效果与曲线效果类似，但是由于该效果提供了直方图的预览，因此它在图像调整中显得非常重要和精确（见图 9-5-30）。

图 9-5-30

随需设置参数（见图 9-5-31）。

· 通道：选择需要修改的通道。

· 直方图：显示图像在某个亮度上的像素分布，从左至右代表图像从纯黑到纯白的亮度过渡，以 0 ～ 255 级亮度表示。在某个亮度上的填充区域越高，代表该亮度的像素越多。

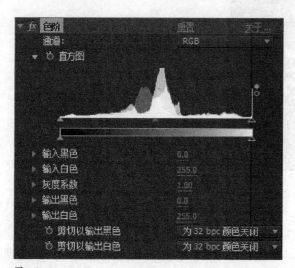

图 9-5-31

· 输入黑色：对输入图像（即源图像）的纯黑部分进行调整，该参数定义低于指定数值的像素都为纯黑，比如该数值为 30，则源图像中低于 30 的亮度都为纯黑。该数值对应直方图左上角的三角滑块，也可以用该三角滑块直接调整。

· 输入白色：对输入图像的纯白部分进行调整，该参数定义高于指定数值的像素都为纯白，比如该数值为 200，则源图像中高于 200 的亮度都为纯白，该数值对应直方图右上角的三角滑块。

· 灰度系数：对图像亮度进行整体调整，偏亮或偏暗，该数值对应直方图中间的三角滑块。

· 输出黑色：对图像输出通道的纯黑部分进行调整，该参数定义输入图像的纯黑部分输出为多少。若该数值为 30，则图像纯黑的位置也有 30 的亮度。该数值对应直方图左下角的三角滑块。

· 输出白色：对图像输出通道的纯白部分进行调整，该参数定义输入图像的纯白部分输出为多少。若该数值为 200，则图像纯白的位置只有 200 的亮度。该数值对应直方图右下角的三角滑块。

若输出黑色为 30，输出白色为 200，则定义输入通道图像的亮度范围不再是 0 ～ 255，而是 30 ～ 200，即裁切掉了画面的亮度层次。在调整诸如夜色等低对比图像时可以使用这两个参数。

9.5.20 色阶（单独控件）效果

该效果与色阶基本相同，主要是可以方便地调整图像的红、绿、蓝通道与 Alpha 通道。对这些通道的调整也可以通过色阶效果直接指定通道来完成。随需设置参数（见图 9-5-32）。

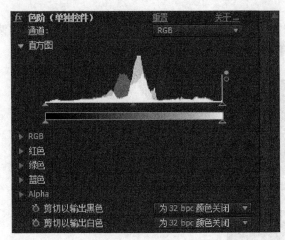

图 9-5-32

9.5.21 照片滤镜效果

该效果可以模拟为图像加温或减温的操作，可以快速矫正拍摄时由于白平衡问题出现的色偏现象。用户可以选择效果自带的几种加温或减温滤镜，也可以自定义滤镜。随需设置参数（见图 9-5-33）。

图 9-5-33

· 滤镜：可以选择多种滤镜。

· 暖色滤镜（85）和冷色滤镜（80）：如果图像在低色温环境中拍摄，则画面会整体偏黄，需要使用冷色滤镜（80），它可以增添图像中的蓝色，从而抵消掉黄色色偏。如果图像在高色温环境中拍摄，则画面会整体偏蓝，需要使用暖色滤镜（85），它可以增添图像中的黄色，从而抵消掉蓝色色偏。

· 暖色滤镜（81）和冷色滤镜（82）：这两种滤镜主要解决色温的色彩偏移问题，暖色滤镜（81）可以使图像更暖，也就是更黄；冷色滤镜（82）可以使图像更冷，也就是更蓝。

用户可以为图像添加各种单色效果，还可以选择"自定义"对图像进行自定义着色处理。

9.5.22 PS 任意映射效果

该效果主要针对于早期版本创建的源文件使用，如果需要创建类似效果，一般使用曲线来完成。随需设置参数（见图 9-5-34）。

图 9-5-34

· 相位：贴图的相位变化，拖动可以产生红、绿、蓝通道的独立亮度偏移。

· 应用相位映射到 Alpah 通道：相位的调整同时可以影响图像的透明信息。

9.5.23 阴影 / 高光效果

该效果可以调整图像的暗部或亮部，使图像具有更丰富的细节。该效果一般不对图像进行整体亮度调整，而是独立地对明暗调进行调整（见图 9-5-35）。

随需设置参数（见图 9-5-36）。

图 9-5-35

图 9-5-36

· 自动数量：勾选该选项可以对图像的暗调或亮调亮度进行自动处理，使图像具有更多层次和细节。勾选该选项后，阴影数量与高光数量参数不可以调整。

· 阴影数量：定义图像暗调的数量。

· 高光数量：定义图像亮调的数量。

· 瞬时平滑：临近帧范围，以秒为单位，确定在某个时间段内进行整体调整。如果设置参数为 0，则每一帧进行独立运算。

· 场景检测：如果镜头被剪辑，帧不再连续，则连续帧范围内调整会出现亮度偏差。勾选该选项可以侦测镜头是否被剪辑。

· 更多选项：对图像进行更多、更精确的调整。

· 与原始图像混合：调色效果是否与原始图像进行透明度混合。

9.5.24　色调效果

该效果可以对图像进行重新着色处理（见图 9-5-37）。

随需设置参数（见图 9-5-38）。

· 将黑色映射到：定义图像暗部着色。

· 将白色映射到：定义图像亮部着色。

图 9-5-37

图 9-5-38

这两种着色即替换原始图像的原始色彩中的纯黑与纯白部分，中间调色彩为这两种着色的过渡色。

9.5.25 三色调效果

该效果的使用方法与色调效果相似，只是提供了一种中间调色彩的指定，可以让过渡色更加细腻。随需设置参数（见图 9-5-39）。

图 9-5-39

三色调比色调具有更广泛的应用。定义一个画面着色，最少应由 3 部分色彩组成。暗部为纯黑，高光为纯白，这样可以确保曝光正常。需要通过中间调来定义色调着色，这样才能得到比较好的着色效果。

9.5.26 自然饱和度效果

自然饱和度和色相饱和度效果类似，都可以调整图像的饱和度，但自然饱和度会在增加饱和的同时，注意不让色彩暴掉，有着更自然的效果（见图 9-5-40）。

· 自然饱和度：可增加图像的饱和度，让图像效果更鲜艳；

· 饱和度：可增加图像的饱和度，效果比自然饱和度更强；

图 9-5-40

9.6 扭曲效果

9.6.1 贝塞尔曲线变形效果

该效果可以在图像的边界添加一个闭合的贝赛尔控制框，通过对这个贝赛尔曲线进行调整来达到扭曲图像的效果。每个贝赛尔控制点有两个控制手柄，拖曳产生的贝赛尔曲线变形与钢笔工具绘制的蒙版相同（见图 9-6-1）。

图 9-6-1

随需设置参数（见图 9-6-2）。

曲线变化的同时可以影响图像的扭曲效果。

品质默认为 8，可以将其设置为 10 以增加扭曲质量，使图像边缘更加平滑，同时也会增加渲染时间。

图 9-6-2

9.6.2 突出效果

该效果可以设置在一个椭圆区域内膨胀或收缩图像（见图 9-6-3）。

图 9-6-3

随需设置参数（见图 9-6-4）。

图 9-6-4

· 水平半径和垂直半径：设置扭曲区域的水平与垂直半径大小，该区域为椭圆形。

· 凸出中心：设置膨胀的程度，正值为图像膨胀程度，负值为图像收缩程度。

· 锥形半径：设置膨胀从中心到边缘的深度，即设置从膨胀中心到膨胀边缘逐渐衰减的程度。

· 消除锯齿：抗锯齿，即扭曲边缘的平滑程度，只有将层质量设置为最高，才能正确预览抗锯齿效果。

· 固定所有边缘：在扭曲时保护层边缘像素不被扭曲。

9.6.3 边角定位效果

该效果可以控制图像四个角点的位置，从而产生图像变形效果。如果需要对图像放大、缩小、倾斜、匹配透视等都可以通过该效果实现。该效果还可以被 After Effects 的四点（透视边角定位）追踪调用，产生透视变形追踪效果（见图 9-6-5）。

随需设置参数（见图 9-6-6）。

 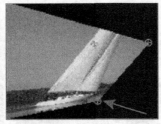 

图 9-6-5

图 9-6-6

9.6.4 置换图效果

　　该效果可以根据指定贴图层某个通道的亮度对图像进行水平或垂直方向上的扭曲，扭曲效果主要与贴图层亮度有关（见图 9-6-7）。

图 9-6-7

随需设置参数（见图 9-6-8）。

图 9-6-8

　　贴图层某通道的亮度有 0 ～ 255 级灰阶，可以将该灰阶定义为−1 到 1 的值来描述贴图亮度，那么 0 值为 50% 明度的灰色。扭曲程度以贴图层亮度为依据，0 值为不扭曲，−1 到 0 为负向扭曲，0 到 1 为正向扭曲，1 或−1 亮度位置都会产生最大化扭曲，但是扭曲方向不一样。

· 置换图层：指定置换层，源图像会根据置换层某个通道的亮度产生扭曲效果。

· 用于水平置换：指定置换层的某个通道作为水平方向扭曲的贴图通道。

· 最大水平置换：定义水平方向的最大扭曲值，即当亮度为 1 或−1 时在水平方向可产生的最大扭曲。

· 用于垂直置换：指定置换层的某个通道作为垂直方向扭曲的贴图通道。

· 最大垂直置换：定义垂直方向的最大扭曲值，即当亮度为 1 或−1 时在垂直方向可产生的最大扭曲。

· 置换贴图特性：水平扭曲特性，主要指定当贴图层大小与原始层大小不一致时应如何处理贴图层大小，可设置为居中显示、自动匹配大小与拼接 3 种方式。

· 边缘特性：边缘处理方式。勾选"像素回绕"可以将扭曲到图像外的像素向内扭曲，从而填补边缘。勾选"扩展输出"选项可将源图像的边缘像素向外进行一定范围的扩展，从而填补边缘间隙。

9.6.5　液化效果

　　该效果可以直接通过画笔扭曲、旋转、放大或缩小画面的特定区域，可以快速创建精确与高效的扭曲效果（见图 9-6-9）。

　　随需设置参数（见图 9-6-10）。

图 9-6-9

· 涂抹工具 ：可直接涂抹，产生像素扭曲效果。

· 紊乱扭曲工具 ：可平滑随机扭曲像素，用于创建火、云、水波等仿真扭曲效果。

· 顺时针旋扭工具 ：以画笔中心为旋转中心顺时针旋转画笔区域内的像素。

图 9-6-10

- 逆时针旋扭工具 ◉：以画笔中心为旋转中心逆时针旋转画笔区域内的像素。

- 收缩工具 ❀：将画笔区域内的像素向画笔中心收缩运动。

- 膨胀工具 ✧：将画笔区域内的像素由画笔中心向外膨胀运动。

- 偏移像素工具 ▨：将像素垂直于绘画方向移动。

- 镜像工具 ▨：将像素复制到画笔区域。

- 克隆工具 ♣：将某一位置的扭曲效果复制到画笔区域内，需要按住"Alt"键，在扭曲效果位置单击鼠标左键，然后释放"Alt"键在需要扭曲的区域进行绘制。

- 恢复工具 ✎：将扭曲效果恢复为原始状态。

变形工具选项为工具属性设置。随需设置参数（见图 9-6-11）。

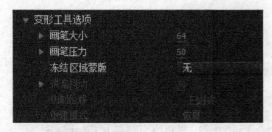

图 9-6-11

- 笔刷大小：即拖曳鼠标产生扭曲的作用区域。

- 笔刷压力：即拖曳鼠标产生扭曲的程度，压力越大，扭曲程度越大。

- 冻结区域蒙版：通过调用蒙版来限制蒙版区域内的像素不被扭曲。

视图选项为显示设置，可在源图像上覆盖一层半透明网格来显示扭曲的细节状态。随需设置参数（见图 9-6-12）。

图 9-6-12

· 扭曲网格：该选项不可以设置数值，只可以设置是否记录关键帧。如果单击秒表按钮记录关键帧，那么液化过程会产生动画。

· 扭曲网格位移：设置扭曲位置的偏移。

· 扭曲百分比：可以设置扭曲效果的程度，0 为完全不扭曲，100 为效果产生的完全扭曲效果，高于 100 则产生更大的扭曲量。

9.6.6 放大效果

该效果可以放大图像的某个特定区域，产生像放大镜经过某个区域的效果（见图 9-6-13）。

图 9-6-13

随需设置参数（见图 9-6-14）。

图 9-6-14

· 形状：指定某个形状作为放大区域。

· 中心：放大区域的中心在图像的绝对位置。

- 放大率：放大区域的放大比率，单位为百分比。

- 链接：在放大区域内放大比率与放大区域的大小和边缘羽化之间的影响关系。

- 无：放大区域的大小与边缘羽化不依赖于放大比率值。

- 大小至放大率：放大区域半径等于放大比率乘以放大值。

- 大小羽化至放大率：放大区域半径等于放大比率乘以放大值，边缘硬度值等于放大比率乘以羽化大小。

- 大小：放大区域半径大小。

- 羽化：边缘羽化大小。

- 不透明度：放大区域的透明度效果，半透明会显示源图像。

- 缩放：放大图像的显示类型，可设置为标准、柔和和散布等。

- 混合模式：设置放大区域与原始图像之间的混合模式。

9.6.7 网格变形效果

该效果通过覆盖在图像上的网格或贝塞尔曲线的变形来控制图像的扭曲效果，每个网格点有 4 个贝塞尔手柄可供调整（见图 9-6-15）。

 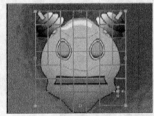 

图 9-6-15

随需设置参数（见图 9-6-16）。

图 9-6-16

· 行数、列数：定义水平或垂直方向的网格数量，网格数量越多，控制越精确。

· 质量：定义扭曲得到的图像质量，值越大，质量越高。

· 扭曲网格：单击秒表按钮可记录扭曲效果动画。

9.6.8 镜像效果

该效果可以将图像分割为两个对称的、相同的对象，从而创建镜像效果。随需设置参数（见图 9-6-17）。

图 9-6-17

· 反射中心：定义产生反射效果的位置。

· 反射角度：定义在哪个方向产生镜面反射效果。

9.6.9 偏移效果

该效果可以将图像进行前后左右的偏移，偏移空余出的画面由偏移层偏移出画面的位置填补。随需设置参数（见图 9-6-18）。

图 9-6-18

· 将中心转换为：定义原始图像的新位置。

· 与原始图像混合：效果产生的效果与原始图像之间的透明度混合。

9.6.10 光学补偿效果

该效果可以添加或矫正摄像机镜头畸变效果。在创建合成时所有元素需要相同的摄像机畸变，需要该效果将元素与实际拍摄效果的畸变进行吻合处理。随需设置参数（见图 9-6-19）。

图 9-6-19

· 视场（FOV）：设置畸变中心的程度。该数值没有一个定数，畸变程度与摄像机和镜头有关，需要反复调整和对比。该数值越大，畸变效果越明显，默认情况下增大该数值可为图像添加桶状畸变，即矫正枕状畸变。

· 反转镜头扭曲：勾选该选项，则变为添加枕状畸变，即矫正桶状畸变。

· FOV 方向：定义镜头畸变基于哪一个轴向。

· 视图中心：定义畸变中心。

· 最佳像素：在扭曲过程中保留更多的像素信息。勾选该选项，FOV 值将产生更大的扭曲效果。

· 调整大小：定义图像变形后层的重设大小。

9.6.11 极坐标效果

该效果可以将图像由原始的矩形坐标（x，y）向极坐标转化，从而产生转化的扭曲效果，这个操作是可逆的（见图 9-6-20）。

图 9-6-20

随需设置参数（见图 9-6-21）。

图 9-6-21

矩形坐标是通过水平和垂直方向的数值来定义图像中任何一个像素的位置,而极坐标是通过定义图像中的一个点,然后计算与这个点的距离和角度来定义图像中像素的位置。

· 插值:定义两种坐标的转换程度。

· 转换类型:定义转换的类型,极线到矩形为矩形坐标转换为极坐标方式;矩形到极线为极坐标方式转化为平面坐标方式。

比如,极坐标数值为半径 10 像素,角度为 45°,转换为平面坐标为水平 10 像素,垂直 45 像素。使用木偶工具时可自动添加该效果。

9.6.12 改变形状效果

该效果可以将图像由一个特定形状向另一个特定形状进行变化,并可以限制变形区域的形状。这 3 个形状区域由蒙版定义产生(见图 9-6-22)。

随需设置参数(见图 9-6-23)。

应提前在 After Effects 中沿着物体形状绘制蒙版,并将蒙版运算方式设置为无,即不需要蒙版产生遮罩效果。

图 9-6-22

图 9-6-23

· 源蒙版:指定变形前的形状,指定完毕后该形状以红色外框显示。

· 目标蒙版:指定变形后的形状,指定完毕后该形状以黄色外框显示。

· 边界蒙版:指定变形区域,所有像素变化都在该区域内进行,指定完毕后该区域以蓝色外框显示，也可不指定该区域的 Mask。

· 百分比：设置变形的百分比，0% 显示变形前的形状，100% 显示变形后的形状。

· 弹性：定义变形过程中图像变化的程度。生硬：使图像扭曲程度最小；超级流体：使图像扭曲程度最大。其他设置的扭曲程度在这两者之间。

· 对应点：显示原始形状上的某个点对应变形后形状的某个位置，可以手动设置原始形状的某个位置变化到变形后形状的某个位置，从而精确控制变形。默认情况下只有一对变形点，可以在按住“Alt”键的同时单击形状，添加更多的变形点，这些变形点在变形前后的形状上会同时出现，一一对应于修改前的位置与修改后的位置，可以直接拖动进行修改。

· 计算密度：定义在百分比参数有无关键帧的情况下不同的运算方式。分离：不需要任何关键帧，对每一帧分别进行计算，从而需要更多的渲染时间；线性：需要两个或更多的关键帧，在关键帧之间进行线性关键帧解释；平滑：需要 3 个或更多的关键帧，在关键帧之间进行平滑关键帧解释，从而创建出更平滑的变化效果。

9.6.13 波纹效果

该效果可以对选择层产生由定义的中心向外扩散的波纹扭动效果。该效果产生的效果与将石块丢进池塘产生的水波类似。随需设置参数（见图 9-6-24）。

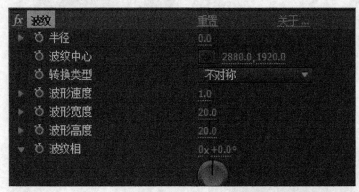

图 9-6-24

· 半径：波纹半径，定义波纹由产生中心到衰减消失的距离。

· 波纹中心：产生波纹的中心位置。

· 转换类型：定义波纹如何创建。不对称方式可以产生渲染速度比较快但是比较不真实的水波。对称方式可以产生更丰富、更真实的波动与折射效果。

· 波纹速度：设置波纹产生和扩散的速度。

· 波纹宽度：设置单个波纹的宽度。

· 波纹高度：设置波纹的高度，该数值越大，扭曲效果越明显。

· 波纹相：定义波纹产生的初始状态效果。

9.6.14 果冻效应修复效果

主要用于解决低端拍摄设备产生的画面延时（俗称果冻效应）问题。随需设置参数（见图9-6-25）。

图 9-6-25

· 果冻效应率：果冻效应问题修复程度。

· 扫描方向：确定扫描角度，一般设置与摄像机运动角度相同。

· 方法：矫正方式。变形方式可以通过镜头扭曲来进行矫正。像素运动方式可以通过计算像素运动得到更精确的计算结果。

· 详细分析：当"方法"选择"扭曲"时可用，对扭曲进行细节分析。

· 像素运动细节：在"方法"选择"像素运动"时可用，设置像素运动程度。

9.6.15 漩涡条纹效果

该效果可以对图像中的一个区域内的像素进行移动和旋转等操作，从而影响整个变形区域内像素的扭曲。这两个区域需要通过蒙版工具进行绘制，并需要将蒙版运算方式设置为无，即不需要蒙版产生遮罩效果。随需设置参数（见图9-6-26）。

· 源蒙版：指定原始蒙版，变形蒙版。

· 边界蒙版：指定变形边界蒙版，扭曲效果将在该蒙版内进行，如果不设置该蒙版，则不会产生扭曲效果。

· 蒙版位移：设置原始蒙版的位移，其位移会带动边界蒙版范围内其他像素的变化。

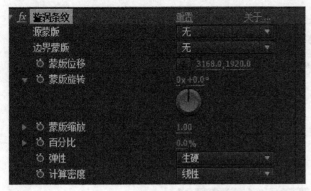

图 9-6-26

· 蒙版旋转：设置原始蒙版的旋转。

· 蒙版缩放：设置原始蒙版的缩放比例。

· 百分比：定义扭曲的百分比，即扭曲的程度。

· 弹性：定义变形过程中图像变化的程度。生硬：使图像扭曲程度最小；超级流体：使图像扭曲程度最大。其他设置的扭曲程度在这两者之间。

· 计算密度：定义在百分比参数有无关键帧的情况下不同的运算方式。分离：不需要任何关键帧，对每一帧进行分别计算，从而需要更多的渲染时间；线性：需要两个或更多的关键帧，在关键帧之间进行线性关键帧解释。；平滑：需要 3 个或更多的关键帧，在关键帧之间进行平滑关键帧解释，从而创建出更平滑的变化效果。

9.6.16 球面化

该效果可以使图像产生球面放大变形效果，即放大镜放大图像的效果。随需设置参数（见图 9-6-27）。

图 9-6-27

· 半径：放大半径。

· 球面中心：放大中心。

该效果无法设置放大比率，可以通过添加多个球面化效果来实现更大的放大效果。

9.6.17 湍流置换效果

该效果使用湍流杂色作为原型来创建图像的扭曲效果，主要模拟图像透过气流或水流产生的紊乱扭曲效果。随需设置参数（见图 9-6-28）。

图 9-6-28

· 置换：设置扭曲的类型。

· 数量：设置扭曲的数量。

· 大小：设置扭曲的大小，更大的值可得到更大的扭曲区域，而比较小的值可以得到比较细碎的扭曲变化。

· 偏移（湍流）：设置扭曲形状的偏移。

· 复杂度：定义紊乱扭曲的复杂程度，比较小的值可以得到更平滑的扭曲效果。

· 演化：对该属性设置关键帧可以使紊乱扭曲效果产生随机动画。

· 演化选项：产生的动画为一种循环动画，该属性组用于设置循环方式。循环演化：使动画循环一周后回到开始的状态。循环:动画在多长时间后回到开始状态，即定义循环一周的长度;随机植入：修改该参数动画会出现随机的变化。

· 固定：由于扭曲会将图像边缘撕裂，该选项用于定义某个边缘不被撕裂。

· 调整图层大小：勾选该项后允许扭曲后的图像扩展到层的外部。

· 消除锯齿（最佳品质）：设置抗锯齿质量，质量越高，效果越好，计算速度越慢。

9.6.18 旋转扭曲效果

该效果可以使层围绕指定的旋转中心进行旋转扭曲，从而产生漩涡状的扭曲效果。随需设置参数（见图 9-6-29）。

图 9-6-29

- 角度：旋转扭曲的程度，增加该值，图像产生顺时针旋转，反之则产生逆时针旋转。

- 旋转扭曲半径：旋转扭曲的影响半径。

- 旋转扭曲中心：旋转扭曲的中心。

9.6.19 变形效果

该效果可以产生一些基本变形，产生的效果与 Illustrator 或 Photoshop 中的文字变形基本相同（见图 9-6-30）。

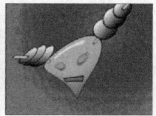

图 9-6-30

随需设置参数（见图 9-6-31）。

图 9-6-31

- 变形样式：扭曲类型，可设置诸如上弧、下弧、鱼眼等扭曲类型。

- 变形轴：可设置变形方向是水平还是垂直。

- 弯曲：扭曲程度。

- 水平扭曲：水平扭曲程度。

- 垂直扭曲：垂直扭曲程度。

9.6.20 变形稳定器 VFX 效果

该效果可以自动去除镜头的非正常扭曲效果。将效果添加在层上的时候，该效果会自动分析层的扭曲问题，并进行自动矫正（见图 9-6-32）。

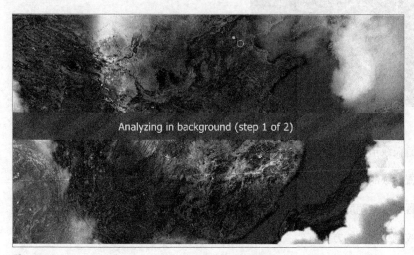

图 9-6-32

随需设置参数（见图 9-6-33）。

图 9-6-33

· 分析：单击此按钮，可以对图像进行分析，分析完毕后会得到基础的稳定效果。

· 对其他辅助参数进行调节，可得到调节后的稳定效果。

9.6.21 波形变形效果

该效果可以创建好像波纹划过图像，使图像产生向某个方向波动的效果。随需设置参数（见图 9-6-34）。

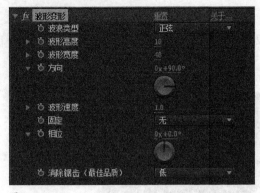

图 9-6-34

· 波浪类型：设置波纹形态。

· 波形高度：设置波纹的高度。

· 波形宽度：设置波纹的宽度，高度与宽度共同决定波纹大小。

· 方向：设置波纹划过图像的方向。

· 波形速度：设置波纹产生的速度。

· 固定：由于扭曲会将图像边缘撕裂，该选项用于定义某个边缘不被撕裂。

· 相位：定义波纹开始的点，比如设置为 0°代表第一个波纹从波纹中间产生；90°代表第一个波纹从波谷处产生；而 180°代表从波峰处产生。

· 消除锯齿(最佳品质)；设置抗锯齿质量，或称之为扭曲边缘的平滑程度。其下拉列表中，从上到下依次为低、中和高 3 个选项。质量越高，效果越好，渲染速度越慢。

9.7 生成效果

9.7.1 四色渐变效果

该效果可以产生 4 色渐变填充效果。可以分别设置 4 个定位点的位置和色彩，这 4 个定位点的着色效果会自动产生过渡，从而得到平滑渐变效果。随需设置参数（见图 9-7-1）。

· 点：设置四个色点的位置。

· 颜色：设置四个色点分别都是什么颜色。

· 混合：设置 4 个色彩的融合程度，值越大，融合程度越高。

· 抖动：设置渐变效果添加杂色的数量，值越大，杂点越多。

- 不透明度：渐变效果的透明度，即与原始层的透明度叠加。

- 混合模式：渐变效果与原始层以何种混合模式混合。

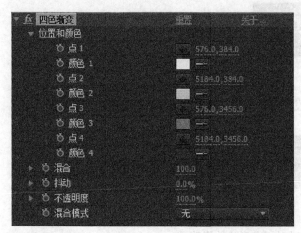

图 9-7-1

9.7.2 高级闪电效果

该效果可以创建自然界真实的电击效果。随需设置参数（见图 9-7-2）。

- 闪电类型：设置闪电的类型，有多种闪电类型可选。

- 原点：定义闪电效果的产生点。

- 方向：定义闪电效果产生的目标位置。

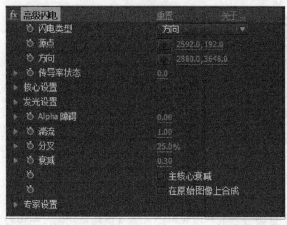

图 9-7-2

- 传导率状态：电离状态，设置关键则可使闪电产生随机形状动画。

- 核心设置：该参数组用于对闪电核心进行调整，随需设置参数（见图 9-7-3）。

图 9-7-3

- 发光设置：该参数组用于对闪电外发光进行调整，随需设置参数（见图 9-7-4）。

图 9-7-4

- Alpha 障碍：定义源图像的 Alpha 通道对闪电形状的影响。

- 湍流：定义闪电形状的紊乱程度，该值越大，闪电就拥有更多的折扭效果。

- 分叉：定义主闪电周围产生多少枝节。

- 衰减：定义闪电产生后的亮度和半径衰减效果。

- 主核心衰减：设置衰减效果是否影响主闪电形状，勾选该项则影响。

- 在原始图像上合成：产生的闪电效果与原始图像之间以"相加"混合模式进行混合。

- 专家设置：提供了对闪电形态的更多控制，随需设置参数（见图 9-7-5）。

图 9-7-5

9.7.3　音频频谱效果

　　该效果添加在视频层上，可以根据一个音频层上某一段频率的音量（振幅）变化产生声音频谱效果（见图 9-7-6）。

图 9-7-6

随需设置参数（见图 9-7-7）。

图 9-7-7

· 音频层：指定音频层，该效果根据指定的音频层产生频谱。

· 开始点、结束点：分别指定音频频谱产生的开始位置与结束位置，频谱在这段范围内产生。

· 路径：可以指定一个绘制好的蒙版路径代替开始点与结束点定义的频谱产生路径。

· 使用极坐标路径：勾选该项则频谱由一个点产生，向四面八方扩展。

· 开始频率、结束频率：定义音频的开始频率与结束频率，在这段频率内产生频谱效果，在这段频率之外音频则被裁切。

- 频段：频谱的分段数，分段数越多，产生的频谱条越多。

- 最大高度：定义最大音量可以产生的频谱高度。

- 音频持续时间：指定音频长度，用来计算产生的频谱，以毫秒为单位。

- 音频偏移：音频的时间偏移，即产生的频谱与原始声音之间的时间偏移。

- 厚度：产生频谱的粗细。

- 柔和度：产生频谱的边缘硬度。

- 内部颜色、外部颜色：产生的频谱分段的内着色与外着色。

- 混合叠加颜色：定义内着色与外着色是否需要混合。

- 色相插值：如果该值大于 0，则不同频率产生不同色彩的音频频谱。

- 动态色相：如勾选该项，且值大于 0，则开始色偏向于最大频率色。

- 颜色对称：如勾选该项，且值大于 0，则开始色与结束色相同。

- 显示选项：定义频谱的显示方式，可设置为数字、模拟谱线或模拟频点。

- 面选项：定义频谱产生在路径的上面（A 面）、下面（B 面）或者两者皆有（A 和 B 面）。

- 持续时间平均化：使频谱产生平滑过渡效果，得到平滑的频谱。

- 在原始图像上合成：如勾选该项，则得到的频谱效果与原始图像共同显示在合成中，不勾选则仅显示效果。

9.7.4 音频波形效果

该效果添加在视频层上，可以根据一个音频层上某一段频率的音量（振幅）变化产生声音波形效果。随需设置参数（见图 9-7-8）。

- 音频层：指定音频层，该效果根据指定的音频层产生波形。

- 开始点、结束点：分别指定音频波形产生的开始位置与结束位置，波形在这段范围内产生。

- 路径：可以指定一个绘制好的蒙版路径代替开始点与结束点定义的频谱产生路径。

- 最大高度：定义最大音量可以产生的频谱高度。

- 音频持续时间：指定音频长度，用来计算产生的频谱，以毫秒为单位。

- 音频偏移：音频的时间偏移，即产生的频谱与原始声音之间的时间偏移。

- 厚度：产生频谱的粗细。

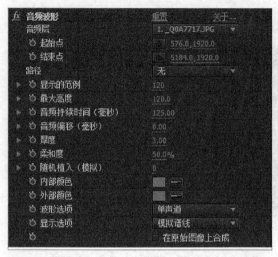

图 9-7-8

· 柔和度：产生波形的边缘硬度。

· 随机植入(模拟)：随机，定义波形的随机形状，数值变化产生的效果不会累加，仅提供不同的随机值。

· 内部颜色、外部颜色：产生波形的内着色与外着色。

· 波形选项：指定根据音频的左声道或右声道音量产生波形，如选择"单声道"则波形基于左右声道音量的平均值产生。

· 显示选项：定义波形的显示方式，可设置为数字、模拟谱线或模拟频点

· 在原始图像上合成：如勾选该项，则得到的频谱效果与原始图像共同显示在合成中，不勾选则仅显示效果。

9.7.5 光束效果

该效果可以模拟激光器发射激光的效果，并可受到层运动模糊开关的影响（见图 9-7-9）。

图 9-7-9

随需设置参数（见图 9-7-10）。

图 9-7-10

· 开始点、结束点：分别指定激光产生的开始位置与结束位置，即激光的整个发射路径。

· 长度：激光的长度，以百分比为单位，100% 为开始、结束位置之间的总长度。

· 时间：时间偏移，为该值设置动画，则激光开始运动。

· 起始厚度、结束厚度：分别定义激光开始的粗细与结束的粗细。

· 柔和度：定义激光边缘的柔化程度。

· 内部颜色、外部颜色：产生激光的内着色与外着色。

· 3D 透视：勾选该项则激光具有真实的 3D 空间透视效果。

· 在原始图像上合成：如勾选该项，则得到的激光效果与原始图像共同显示在合成中，不勾选则仅显示效果。

9.7.6　单元格图案效果

该效果可以产生蜂窝状图案效果，并可制作单图案生物随机动画。该效果也常用来创建贴图，供其他层调用（见图 9-7-11）。

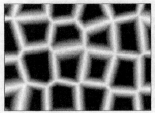

图 9-7-11

随需设置参数（见图 9-7-12）。

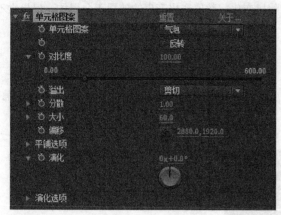

图 9-7-12

· 单元格图案：指定产生的图案形状。

· 反转：勾选该选项，可对产生的图案进行反相处理，处理结果为黑色（0）变为白色（255），白色变为黑色，所有亮度变为 255 减去该亮度得到的数值。

· 对比度：定义得到图案效果的对比度和边缘锐化程度。该参数根据所选图案形状的不同而不同。

· 溢出：若效果计算得到的图像亮度超出 0 ～ 255 灰度之外，则采取何种计算方法。

· 剪切：数值高于 255，以 255 处理；低于 0，以 0 处理。当图像高对比的时候会产生大量的纯黑区域或纯白区域。

· 柔和固定：将数值限定在 0 ～ 255 范围内，最暗的部分映射为 0，最亮的部分映射为 255。

· 反绕：设置图案的分散程度，该值越小，图案排列越规则，该值为 0 则图案以网格方式排列。

· 分散：设置图案个体的分散程度。

· 大小：设置图案个体的大小。

· 偏移：设置图案的位移运动，这个运动并非控制单个图案运动，而是接近于控制观察图案的摄影机运动。

· 平铺选项：勾选该项可定义图案形状在多少范围内重复，可分别调整水平或垂直方向上几个图案重复一次形状。

· 演化：对该数值设置关键帧，可得到随机运动的图案效果。

· 演化选项：定义图案随机运动的方式。

· 循环演化：以循环方式运动，即图案运动会循环到原始形状位置。

· 随机植入：随机种子，定义产生形状的随机变化，数值变化产生的效果不会累加，仅是供不同的随机值。

9.7.7 棋盘效果

该效果可以创建方形的棋盘格效果，棋盘格的一半方格具有色彩填充，一半方格为透明显示，供用户填充。随需设置参数（见图 9-7-13）。

图 9-7-13

· 锚点：棋盘格的位置，拖曳可移动棋盘格。

· 大小依据：棋盘格大小的定义方式。

· 边角：每个棋盘格大小由锚点与边角参数共同设置。

· 宽度：仅由宽度值定义棋盘格大小，即产生正方形的棋盘格。

· 高度：棋盘格的高度由高度值定义。

· 羽化：棋盘格边缘的羽化程度。

· 颜色：指定一半非透明方格的色彩。

· 不透明度：棋盘格效果的透明度。

· 混合模式：指定棋盘格与原始层之间的混合模式。

9.7.8 圆形效果

该效果可以创建实色填充的圆或圆环效果。随需设置参数（见图 9-7-14）。

图 9-7-14

- 中心：产生圆或圆环的圆心位置。

- 半径：产生圆或圆环的半径大小。

- 边缘：产生形状的类型，可设置为圆或圆环。选择"无"产生圆，其余选项则产生圆环。

- 羽化：产生形状的边缘羽化。

- 反转圆形：反转产生形状的 Alpha 通道，即填充的圆或圆环转化为挖空的圆或圆环。

- 颜色：圆或圆环的填充色。

- 不透明度：圆或圆环的透明度。

- 混合模式：指定圆或圆环与原始层之间的混合模式。

9.7.9 椭圆效果

该效果可以产生发光的圆环效果。随需设置参数（见图 9-7-15）。

图 9-7-15

- 中心：产生圆环的圆心位置。

- 宽度：定义产生圆环的宽度。

- 高度：定义产生圆环的高度。

· 厚度: 定义产生圆环的粗细。

· 柔和度: 定义产生圆环边缘的柔化程度。

· 内部颜色、外部颜色: 定义产生圆环的内着色与外着色。

· 在原始图像上合成: 如勾选该项, 则得到的圆环效果与原始图像共同显示在合成中, 不勾选则仅显示效果。

9.7.10　吸管填充效果

该效果可以拾取层的某一位置或某一区域的像素的色彩, 并将该色彩覆盖整个层。随需设置参数 (见图 9-7-16)。

图 9-7-16

· 采样点: 即拾取色彩的位置。

· 采样半径: 即多大范围内的像素得到结果色。

· 平均像素颜色: 定义什么类型的像素可以被采样。

· 跳过空白: 忽略透明区域的像素。

· 全部: 采样所有像素, 包括透明或半透明 RGB 色。

· 全部预乘: 采样色与预乘型的 Alpha 通道。

· 包含 Alpha 通道: 采样色与 Alpha 通道的透明信息。

· 保持原始 Alpha: 保持原始图像的 Alpha 通道信息不被修改。

· 与原始图像混合: 如勾选该项, 则得到的填充效果与原始图像共同显示在合成中, 不勾选则仅显示效果。

9.7.11　填充效果

该效果可以在层的特定区域内填充一种色彩, 可以用于填充一个已经创建描边效果的 Mask 选区。随需设置参数 (见图 9-7-17)。

图 9-7-17

· 填充蒙版：可指定层的某个蒙版区域作为填充区域。

· 颜色：指定填充色。

· 水平羽化：填充在水平方向上的羽化值。

· 垂直羽化：填充在垂直方向上的羽化值。

· 不透明度：填充效果的不透明度。

9.7.12　分形效果

该效果可以直接根据曼德布罗特集或茱莉亚集产生贴图图形，默认产生的是经典的曼德布罗特集图形。该集的特点是某个区域内为黑色着色，任何像素脱离于该区域则被上色，产生的色彩与形状取决于该集有多紧密（见图 9-7-18）。

图 9-7-18

随需设置参数（见图 9-7-19）。

图 9-7-19

· 设置选项：定义使用的集，曼德布罗特为典型的曼德布罗特集；曼德布罗特反向为曼德布罗特集的数学反转；茱莉亚集基于茱莉亚集产生形状；茱莉亚反转为 茱莉亚集的数学反转。

· 等式：指定运算的方程式。

· 曼德布罗特、茱莉亚：定义特定集的设置。X（真实的）与 Y（虚构的）用于定义水平和垂直方向的像素移动。

· 颜色：定义效果产生的色彩。叠加：为显示集创建一个叠加副本。

· 透明度：定义黑色像素是否为透明显示。

· 面板：通过一个映射的黑白图像定义产生形状的着色方式。

· 色相：定义色彩渐变的着色色相。

· 循环步骤：设置图形的精细度。

· 循环位移：设置图形循环的相位。

· 边缘高亮：显示色彩边缘的高光。

· 高品质设置：定义效果的采样设置，从而影响最终渲染质量。

9.7.13 网格效果

该效果可以创建自定义网格效果，网格效果可以为单色填充或者作为显示原始层的蒙版。 该效果也可以作为设计元素或其他层的蒙版使用。随需设置参数（见图 9-7-20）。

图 9-7-20

· 锚点：定义网格形状的起始点。

· 大小一句：设置以何种方式定义网格大小，可设置为边角点、宽度滑块或宽度和高度滑块。

· 边角：定义网格形状的结束点，设置为边角点方式时，网格大小以锚点和边角点共同定义。

· 边界：定义网格线的粗细。

· 羽化：定义网格线的羽化。

· 反转网格：反转产生网格线的透明度。

· 颜色：定义网格色彩。

· 不透明度：定义网格的不透明度。

· 混合模式：设置网格与原始层之间的混合模式。

9.7.14　镜头光晕效果

该效果可以模拟强光照射在摄影机镜头上产生的镜头光斑效果（见图 9-7-21）。

随需设置参数（见图 9-7-22）。

· 光晕中心：产生镜头光斑的位置。

图 9-7-21

图 9-7-22

· 光晕亮度：设置光斑的亮度。

· 镜头类型：设置光斑类型，根据摄影机镜头焦距的不同分为 50-300mm、35mm、105mm 几种不同的光斑类型。

· 与原始图像混合：如勾选该项，得到的光斑效果与原始图像共同显示在合成中，不勾选则仅显示效果。

9.7.15 油漆桶效果

该效果与 Photoshop 中的油漆桶工具产生的效果类似，就是在一个特定区域内填充色彩，该特定区域根据效果的填充点来确定。可以选择图像中的某个像素作为填充点，然后通过容差来确定与该像素色彩类似且相连的区域为填色区域。随需设置参数（见图 9-7-23）。

图 9-7-23

- 填充点：选择图像上的填充点，与该点相邻且类似的像素可以一同被填充。

- 填充选择器：填充选择，指定填充在某个范围内进行。

- 容差：指定与选择像素接近程度在多少范围内的像素可以被一同选择。

- 查看阈值：显示选择区域。白色部分为选择的上色区域，黑色部分为非选择区域。

- 描边：定义选区边缘的细节。

- 颜色：指定填充色。

- 不透明度：填充色的不透明度。

- 混合模式：定义填充色与原始图像以何种混合模式进行混合。

9.7.16 无线电波效果

该效果可以创建由一个指定中心向外扩散的径向波动效果。该效果可以模拟池塘的水波、扩散的声波和一些复杂的几何图形。该效果不需要设置关键帧即可自动产生动画效果（见图 9-7-24）。

图 9-7-24

随需设置参数（见图 9-7-25）。

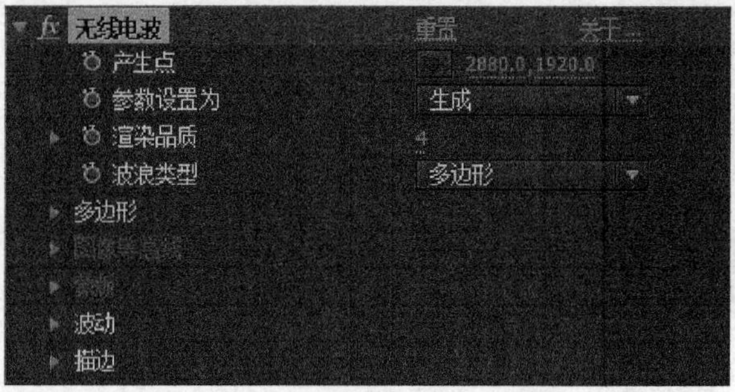

图 9-7-25

· 产生点：指定波动产生的中心。

· 参数设置为：指定波动效果如何受参数变化的影响。

· 生成：指定每个新产生的波动形状都从一个原始状态开始，产生相同的运动。

· 每帧：指定每个新产生的波动形状都从不同的原始状态开始，后面产生的形状与前面产生的形状相同。如果选择一种星形波动并设置旋转动画，选择"生成"可以使产生的每个星形依次错位，从而产生旋扭形态，选择"每帧"则所有的星形都旋转同一角度。

· 渲染品质：控制渲染输出质量，设置更大的值可以得到更高的渲染质量。

· 波浪类型：选择波动的形状。

· 多边形：多边形方式，选择该方式则波动以多边形作为形状。

· 图像等高线：图像拓扑，选择该方式可以指定以图像拓扑作为形状。形状拓扑可以由图像的色相、Alpha 通道或亮度等产生高对比边缘形状。

· 蒙版：选择该方式则以绘制的遮罩作为形状。

· 波动：指定波动的运动方式，随需设置参数（见图 9-7-26）。

图 9-7-26

· 描边：设置波动的描边效果，随需设置参数（见图 9-7-27）。

图 9-7-27

9.7.17 梯度渐变效果

该效果可以创建两色的渐变效果，随需设置参数（见图 9-7-28）。

图 9-7-28

可以指定"渐变形状"为"线性渐变"，产生从一个位置到另一个位置的线性渐变效果，或指定为"径向渐变"，产生从中心向外的渐变效果。

渐变散射：渐变色彩过渡产生的杂色程度，该值越大，杂色越多。

9.7.18 涂写效果

该效果可以产生像手绘一样的涂鸦效果，主要通过对一个或多个闭合蒙版进行填充或描边来完成，通过填充为之字形线条来模拟随意涂抹效果（见图 9-7-29）。

图 9-7-29

随需设置参数（见图 9-7-30）。

· 涂写：指定描边的蒙版，可以选择单个蒙版或所有蒙版。

· 蒙版：选择单个蒙版时被激活，用于指定某个特定蒙版。

· 填充类型：指定涂鸦效果与蒙版的位置关系，可以指定是描边还是填充。

· 边缘选项：选择填充类型为任何一种描边类型可以激活该选项，随需设置参数（见图 9-7-31）。

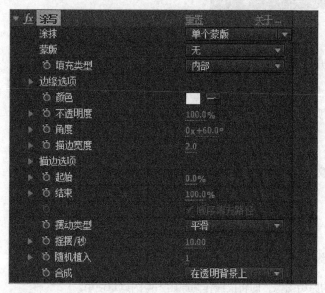

图 9-7-30

图 9-7-31

· 颜色：指定描线的色彩。

· 不透明度：指定描线的不透明度。

· 角度：指定描线的角度。

· 描边宽度：指定描线的宽度。

· 描边选项: 设置描线的细节效果, 随需设置参数 (见图 9-7-32)。

▼ 描边选项
　▶　ᵈ 曲度　　　　　5%
　▶　ᵈ 曲度变化　　　1%
　▶　ᵈ 间距　　　　　5.0
　▶　ᵈ 间距变化　　　1.0
　▶　ᵈ 路径重叠　　　0.0
　▶　ᵈ 路径重叠变化　5.0

图 9-7-32

· 开始、结束: 分别定义绘制的开始与结束位置。

· 顺序填充路径: 必须指定多个 Mask 描线才可激活该选项, 激活该项后开始与结束参数基于所有蒙版的开始与结束, 如果未激活, 则每个蒙版都按自身的开始与结束描线。

· 摆动类型: 指定随机动画类型。

· 摇摆 /秒: 每秒随机变化的次数, 该值越大, 动画速度越快。

· 合成: 设置效果的显示方式。

· 在透明背景上: 仅将效果产生的描线效果显示在合成中。

· 在原始图像上: 效果产生的描线效果与原始层同时显示在合成中。

· 显示原始图像: 显示描线位置的原始图像, 即将描线作为原始图像的遮罩使用。

9.7.19　描边效果

该效果可以沿着蒙版边缘创建线形或点形描边效果 (见图 9-7-33)。

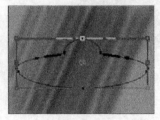

图 9-7-33

随需设置参数 (见图 9-7-34)。

· 路径: 指定要描边的某个蒙版。

- 所有蒙版：指定沿着所有蒙版进行描边。

- 颜色：指定描边色。

- 画笔大小：指定描边宽度。

- 笔刷硬度：指定描边硬度，如果该值较小则得到羽化边缘。

- 不透明度：指定描边的不透明度。

- 开始：定义描边的开始位置。

图 9-7-34

- 结束：定义描边的结束位置，开始与结束位置对应蒙版的起点与终点位置，共同定义描边的长度。

- 间距：描线效果都是由大量的点叠加完成的，如增大该间距，则描边效果由线形转化为点形。

- 绘画样式：设置效果的显示方式。

9.7.20 勾画效果

该效果可创建运动光线或光点效果。该效果与描边类似，但是它可以在同一个路径上创建不同粗细的描线，比如由粗到细或由细到粗，或基于图像拓扑进行描线，而不仅仅针对蒙版。随需设置参数（见图 9-7-35）。

- 描边：指定描线效果基于何种形状。

- 图像等高线：基于层的拓扑进行描线，比如图像的 Alpha 通道边缘或图像某个通道的高对比位置。选择该描边方式可激活图像等高线参数组，随需设置参数（见图 9-7-36）。

- 蒙版 / 路径：将描边设置为蒙版 / 路径时可激活该项，即指定对层的蒙版进行描线处理。

- 片段：指定描线的分段数，即一个蒙版可产生多个描线线段。

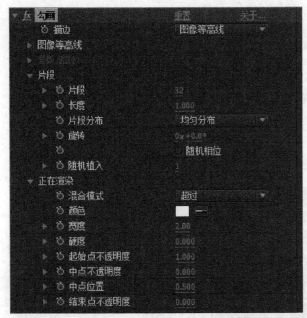

图 9-7-35

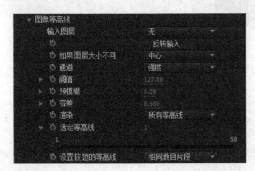

图 9-7-36

· 长度：指定每个描线线段的长度，设置为 1 则整个分段都会产生描线效果。

· 片段分布：指定各个分段之间的间距。

· 旋转：对该参数设置关键帧可对描线产生流动动画效果。

· 随机相位：设置该参数可得到描线在拓扑上的随机起始点。

· 混合模式：定义描线效果与层的应用方式。

· 透明：仅显示描线效果。

· 超过：描线效果显示在原始层之上。

· 曝光不足：描线效果显示在原始层之下。

· 模板：将描线效果作为原始层的遮罩使用，描线区域内显示原始层像素。

· 颜色：定义描边的色彩。

· 宽度：定义描线宽度。

· 硬度：定义描线硬度。

· 起始点不透明度、结束点不透明度：分别定义描线开始的不透明度与结束的不透明度，从而得到透明过渡的描线效果。

· 中点不透明度：定义描线开始与结束中间的不透明度。

· 中点位置：定义描线中间的位置，可偏移描线的正中心。

9.7.21　写入效果

该效果可以基于笔触的位置变化产生类似于手写的描线效果，随需设置参数（见图 9-7-37）。

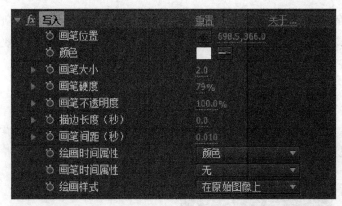

图 9-7-37

· 画笔位置：笔触的位置，需要根据手写路径设置关键帧。

· 颜色：定义描线色彩。

· 笔刷大小：指定描线宽度。

· 画笔硬度：指定描线硬度，如果该值较小则得到羽化边缘。

· 画笔不透明度：指定描线的不透明度。

· 描边长度（秒）：描线的长度，为该值设置动画可得到描线生长的效果。

· 画笔间距（秒）：描线间距。描线效果都是由大量的点叠加完成的，如增大该间距，则描边效果由线形转化为点形。

· 绘画时间属性和画笔时间属性：绘画时间属性与笔触时间属性，指定绘画属性或笔触属性基于当前时间变化或整体描线变化。如需要设置描线整体粗细的变化则需要设置画笔大小关键帧，并将画笔时间属性设置为无。如需要设置由粗变细或由细变粗的变化，则需要将画笔时间属性设置为大小。

· 绘画样式：设置效果的显示方式。

9.8 杂色和颗粒效果

9.8.1 杂色和颗粒效果介绍

在真实世界拍摄的几乎所有的数字图像都有噪波的存在，由于光线与摄像机镜头的差异，噪波也呈现出多样性，在进行数字合成的时候对图像进行噪波匹配是使合成真实的重要环节。三维软件中创建的动画元素没有噪波，有时需要手动添加噪波，增加其真实性。

噪波效果组提供了减弱或去除噪波的功能，例如，去除人皮肤上的噪点可以得到光滑的皮肤效果。此外，还提供了诸如湍流杂色效果，可以直接产生一些特殊的噪波纹理，产生云、雾等仿真效果，或用作贴图。

9.8.2 添加颗粒效果

该效果可以为图像添加噪波效果，它提供了非常丰富的控制，可产生具有各种细节特征的噪波，甚至可以限定噪波产生的区域（见图 9-8-1）。

图 9-8-1

随需设置参数（见图 9-8-2）。

图 9-8-2

· 查看模式：噪波的显示模式，有 3 种模式可供选择。

· 预设：预览框，可以将噪波效果显示在特定的矩形区域内，增加渲染速度。

· 混合遮罩：显示噪波产生权重，选择后图像转为黑白图像，白色区域代表该区域可以产生更多的噪波效果。一般图像暗部会显示为白色区域，因为暗部感光不足，容易产生噪波。

· 最终输出：在噪波调整完毕后切换为该方式显示，并最终输出。

· 预览区域：对预览框大小进行控制，将"查看模式"设置为"预览"时可激活该选项。

· 微调：该参数组主要用来设置噪波的强度、大小以及噪波模糊与清晰的程度，随需设置参数（见图 9-8-3）。

图 9-8-3

· 颜色：指定噪波的色彩。

· 应用：指定噪波产生的区域，通过分别调整亮度通道或 R、G、B 的亮度来重新定义图像的明暗部，在暗部会产生更多的噪波。

· 动画：设置噪波动画的速度。

· 与原始图像混合：设置噪波与原始图像的混合方式，可以通过透明度或混合模式将噪波与源图像混合，也可以指定一个层蒙版，使噪波显示在蒙版区域内。该组效果在 Amount 值不为 0 的情况下才有效果，即必须有一定程度的混合。

9.8.3　蒙尘与划痕效果

　　蒙尘与划痕效果可以去除画面中的蒙尘与划痕杂质，得到相对干净的画面效果。该效果通过对相似区域像素进行扩展，保持高对比区域像素来保护图像中清晰的边缘，但依然容易损失细节（见图9-8-4）。

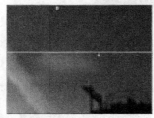

图 9-8-4

　　随需设置参数（见图9-8-5）。

图 9-8-5

- 半径：定义像素的扩展半径，该值越大，图像越不清晰，同时去除划痕的效果越好。

- 阈值：指定相邻像素在多少差异内将不被处理。

- 在Alpha通道运算：效果是否作用在透明区域，激活则在透明区域出现效果。

9.8.4　分形杂色效果

　　该效果可以直接创建多种灰度噪波纹理，该噪波可用于纹理背景、贴图，或模拟仿真效果，诸如雾、云、熔岩、火、水等。随需设置参数（见图9-8-6）。

- 分形类型：指定噪波形态，该效果提供了多种噪波形态供用户选择。

- 杂色类型：主要设置噪波渲染网格的精度，而并非合成面板的渲染精度，该项直接影响输出效果。

- 反转：反转产生噪波的亮度。

- 对比度：设置产生噪波的对比度。

· 溢出：当亮度值不在 0 ～ 1.0 范围内时，应采取何种方式进行渲染。

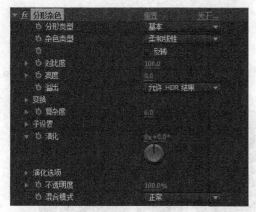

图 9-8-6

· 变换：设置噪波的变换属性，诸如旋转、缩放与位移噪波。

· 复杂度：定义噪波的细节，该值越大，噪波拥有的细节越多。

· 子设置：当分型噪波由多层噪波组成时，该参数组指定子噪波的控制方式。并非所有噪波类型都由多层噪波组成，该参数组仅对特定噪波类型起作用。随需设置参数（见图 9-8-7）。

图 9-8-7

· 演化：为该值设置关键帧可以得到噪波随机运动动画。

· 演化选项：可设置噪波运动，随需设置参数（见图 9-8-8）。

图 9-8-8

· 不透明度：设置噪波的不透明度。

· 混合模式：设置噪波与原始层的混合模式。

9.8.5 匹配颗粒效果

该效果可以匹配两个图像的噪波效果，对于键控后合成图像具有非常重要的意义（见图 9-8-9）。

图 9-8-9

随需设置参数（见图 9-8-10）。

图 9-8-10

该效果仅能添加噪波而不能去除噪波，因此使用该效果最好遵循以下方法：效果应添加在噪波较少的层上，然后指定匹配噪波较多的层。噪波较少的层的噪波会对最终效果产生影响，建议在匹配噪波前，首先使用去除颗粒效果将噪波去除，然后再匹配噪波。

· 查看模式：噪波的显示模式，有 3 种模式可供选择。

· 杂色源图层：指定匹配噪波的层。

· 预览区域：预览框，可以将噪波效果显示在特定的矩形区域内，增加渲染速度。

· 混合遮罩：显示噪波产生权重，选择后图像转为黑白图像，白色区域代表该区域可以产生更多的噪波效果。一般图像暗部会显示为白色区域，因为暗部感光不足，容易产生噪波。

· 最终输出：在噪波调整完毕后切换为该方式显示，并最终输出。

· 预览区域：对预览框大小进行控制，将"查看模式"设置为"预览区域"时可激活该选项。

· 补偿现有杂色：补偿原始层存在的噪波。

· 微调：该参数组主要用来设置噪波的强度、大小以及噪波模糊与清晰的程度，随需设置参数（见图 9-8-11）。

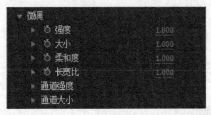

图 9-8-11

· 颜色：指定噪波的色彩。

· 应用：指定噪波产生的区域，通过分别调整亮度通道或 R、G、B 的亮度来重新定义图像的明暗部，在暗部会产生更多的噪波。

· 动画：设置噪波动画的速度。

· 与原始图像混合：设置噪波与原始图像的混合方式，可以通过透明度或混合模式将噪波与源图像混合，也可以指定一个层蒙版，使噪波显示在蒙版区域内。该组效果在 Amount 值不为 0 的情况下才有效果，即必须有一定程度的混合。

9.8.6 中间值效果

该效果可以将特定半径内的像素替换为平均色彩与亮度的像素，从而去除噪波，如该值较大，则图像会产生类似绘画的效果（见图 9-8-12）。

图 9-8-12

随需设置参数（见图 9-8-13）。

图 9-8-13

· 半径：采样半径。

· 在 Alpha 通道上运算：激活后效果可影响 Alpha 通道。

9.8.7　杂色效果

该效果可随机修改图像的像素值，从而实现动态噪波效果。随需设置参数（见图 9-8-14）。

图 9-8-14

· 杂色数量：设置产生噪波数量。

· 杂色类型：设置噪波类型，如选中"使用杂色"，则产生彩色噪波，否则产生黑白噪波。

· 剪切：裁切色彩通道值，如不选择该选项可产生更多噪波，甚至覆盖原始图像。

9.8.8　杂色 Alpha 效果

该效果会在 Alpha 通道产生噪波效果（见图 9-8-15）。

图 9-8-15

随需设置参数（见图 9-8-16）。

图 9-8-16

- 杂色：选择噪波类型。

- 数量：设置噪波强度。

- 原始 Alpha：噪波与源图像的 Alpha 通道以何种方式混合。

- 溢出：当亮度值不在 0 ～ 1.0 范围内时，应采取何种方式进行渲染。

- 随机植入：噪波产生的随机效果。

- 杂色选项：设置噪波动画。

- 循环杂色：激活该选项可创建循环运动，即噪波运动到一定时间会回到原始状态。

- 循环（旋转次数）：指定噪波循环时间，该选项设置随机植入为多少圈时噪波形态循环一次。

9.8.9 杂色 HLS 效果与杂色 HLS 自动效果

杂色 HLS 与 杂色 HLS 自动可以分别对图像的色相、亮度与饱和度设置噪波强度。HLS 自动效果可自动产生噪波动画，而色 HLS 需要通过设置杂色相位参数产生噪波动画（见图 9-8-17）。

图 9-8-17

随需设置参数（见图 9-8-18）。

图 9-8-18

- 杂色：杂色类型，统一 产生黑白平均的噪波动画，方形创建高对比噪波动画。

- 色相：在图像的色相上产生噪波强度。

- 亮度：在图像的亮度上产生噪波强度。

- 饱和度：在图像的饱和度上产生噪波强度。

- 颗粒大小：设置噪波的大小。

- 杂色相位（杂色 HLS 效果特有的参数）：为该参数设置关键帧可产生噪波动画。

- 杂色动画速度（杂色 HLS 自动 效果特有的参数）：设置噪波动画的速度。

9.8.10 移除颗粒效果

该效果主要用于去除画面上的噪波。由于该效果提供了强大的去噪控制，因此也常用于去除面部的毛孔与瑕疵，得到光洁的皮肤效果（见图 9-8-19）。

图 9-8-19

随需设置参数（见图 9-8-20）。

- 查看模式：去噪效果的显示模式，可以随需选择。

- 预览区域：对预览框大小进行控制，将"查看模式"设置为"预览"时可激活该选项。

· 杂色深度减低设置: 去噪效果的主参数组, 设置对噪波的去除程度, 随需设置参数 (见图9-8-21)。

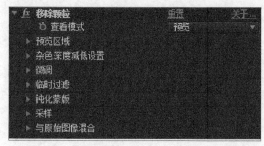

图 9-8-20

图 9-8-21

· 微调: 微调模式, 可对去噪效果进行细节处理, 随需设置参数 (见图9-8-22)。

图 9-8-22

· 临时过滤: 设置对动态视频进行优化处理。

· 钝化蒙版:增强色彩或亮度像素边缘的对比, 使画面更加清晰, 从而解决去噪后图像模糊问题, 随需设置参数 (见图9-8-23)。

图 9-8-23

· 采样: 定义去噪效果的采样点, 随需设置参数 (见图 9-8-24)。

图 9-8-24

· 与原始图像混合: 设置去噪效果与原始图像的混合方式, 可以通过透明度或混合模式将去噪效果与源图像混合, 也可以指定一个层蒙版, 使去噪效果显示在蒙版区域内。该组效果在数量值不为 0 的情况下才有效果, 即必须有一定程度的混合。

9.8.11 湍流杂色效果

该效果可以直接创建多种灰度噪波纹理, 该噪波可用于纹理背景、贴图, 或模拟仿真效果, 诸如雾、云、熔岩、火、水等。该效果与分形杂色效果基本一致, 但提供了更高的渲染精度和更多的噪波细节, 同时渲染速度也要慢得多。随需设置参数 (见图 9-8-25)。

图 9-8-25

· 分形类型: 指定噪波形态, 该效果提供了多种噪波形态供用户选择。

· 杂色类型: 指定噪波类型, 主要设置噪波渲染网格的精度, 而并非合成面板的渲染精度, 该项直接影响输出效果。

· 反转：反转产生噪波的亮度。

· 对比度：设置产生噪波的对比度。

· 亮度：设置产生噪波的亮度。

· 溢出：当亮度值不在 0 ～ 1.0 范围内时，应采取何种方式进行渲染。

· 变换：设置噪波的变换属性，诸如旋转、缩放与位移噪波。

· 复杂度：定义噪波的细节，该值越大，噪波拥有的细节越多。

· 子设置：当分型噪波由多层噪波组成时，该参数组指定子噪波的控制方式。并非所有噪波类型都由多层噪波组成，该参数组仅对特定噪波类型起作用。随需设置参数（见图 9-8-26）。

图 9-8-26

· 演化选项：可设置噪波运动，随需设置参数（见图 9-8-27）。

图 9-8-27

· 不透明度：设置效果的不透明度（见图 9-8-27）。

· 混合模式：设置效果与原始图像以何种方式混合（见图 9-8-27）。

9.9 透视效果

9.9.1 3D 眼镜效果

该效果可将创建好的 3D 透视面（左边与右边）合并在一起，从而得到完整的 3D 透视图像（见图 9-9-1）。

随需设置参数（见图 9-9-2）。

图 9-9-1

图 9-9-2

- 左视图、右视图：选择需要拼合的左、右视图层，这两个层最好大小相同才容易拼接。

- 垂直对齐：左、右视图的偏移值。

- 左右互换：反转左、右视图。

- 3D 视图：定义视图如何拼合。

- 平衡：定义 3D 视图的平衡程度，使用该参数可减少阴影与重影。

9.9.2　斜面 Alpha 效果

该效果可以在图像 Alpha 通道的边缘产生高光与阴影效果，主要用于创建图像的立体感（见图 9-9-3）。

图 9-9-3

随需设置参数（见图 9-9-4）。

图 9-9-4

· 边缘厚度：定义立体的厚度。

· 灯光角度：定义光线照射的角度。

· 灯光颜色：定义光线色彩。

· 灯光强度：定义光线强度，可增强高光与阴影的色彩对比。

9.9.3 边缘斜面效果

该效果可以使图像边缘产生 3D 立体效果（见图 9-9-5）。

图 9-9-5

随需设置参数（见图 9-9-6）。

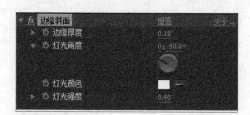

图 9-9-6

与斜面 Alpha 效果不同，边缘斜面效果只能产生直线型的生硬折角。

· 边缘厚度：定义立体的厚度。

· 灯光角度：定义光线照射的角度。

· 灯光颜色：定义光线色彩。

· 灯光强度：定义光线强度，可增强高光与阴影的色彩对比。

9.9.4　投影效果

该效果可在图像 Alpha 通道的边缘产生真实的投影效果（见图 9-9-7）。

图 9-9-7

随需设置参数（见图 9-9-8）。

图 9-9-8

· 阴影颜色：指定阴影的色彩。

· 不透明度：指定阴影的不透明度。

· 方向：指定投影方向。

· 距离：指定投影与投影物体之间的距离。

· 柔和度：指定投影的扩散柔化程度。

· 仅阴影：只渲染层投影而不渲染层。

9.9.5　径向投影效果

该效果可以创建由点光源产生的真实投影效果，物体投影则会根据与光源距离的不同产生不同的阴影效果（见图 9-9-9）。投影效果产生的是一种光源在无穷远处的平行光投影。

图 9-9-9

随需设置参数（见图 9-9-10）。

图 9-9-10

- 阴影颜色：指定阴影的色彩。

- 不透明度：指定阴影的不透明度。

- 光源：指定光源点位置。

- 投影距离：投影离地面的距离，该值越大，投影显得越大。

- 柔和度：投影边缘的柔化效果。

- 渲染：指定渲染投影类型。

- 颜色影响：将"渲染"指定为"玻璃边缘"时可激活该选项，用于调整阴影的不透明度。

- 仅阴影：只渲染层投影而不渲染层。

- 调整图层大小：激活该项后，投影将不限定在层大小范围内。

9.10 模拟效果

模拟效果组汇集了 After Effects 中最复杂的效果，主要用于模拟各种仿真动画效果。

9.10.1 卡片动画效果

卡片动画可以将图像切分为规则的卡片形状，然后对这些形状进行单独的动画操作，比如卡片的飞散与汇聚等（见图 9-10-1）。

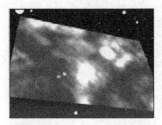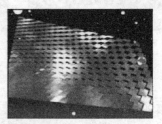

图 9-10-1

随需设置参数（见图 9-10-2）。

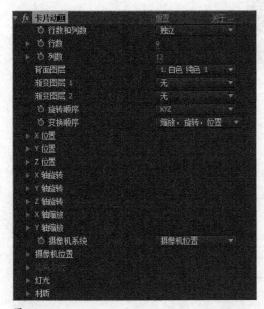

图 9-10-2

· 行数和列数：定义将图像切分的行数与列数。选择"独立"则行与列可以分别设置，选择"列数受行数限制"则仅有行数被激活，行和列同时变化。

· 行数：定义行数，最大值为 1 000。

· 列数：定义列数，最大值为 1 000。

· 背面图层：指定卡片背面显示的图像。卡片具有 3D 空间属性，可以在 3D 空间中进行运动和旋转操作，因此在合成中可以观察到卡片背面的图像。

· 渐变图层 1：指定第 1 个控制卡片运动的层，卡片可以根据该层某个通道的不同亮度产生不同运动。该通道亮的位置与暗的位置会产生相反方向的运动，50% 亮度位置的卡片不运动。

· 渐变图层 2：指定第 2 个控制卡片运动的层。

· 旋转顺序：如设置卡片旋转，则卡片的旋转轴向为哪个轴向。

· 变换顺序：变换顺序，可以对卡片的位置、旋转与缩放进行先后顺序控制，变换的先后顺序不同，得到的效果也不同。

· 位置（X，Y，Z）、旋转（X，Y，Z）和缩放（X，Y）：指定卡片各属性的变换效果。该动画需要指定贴图 1 或贴图 2 的某个通道，然后通过该通道的亮度来影响参数变化。

· 源：指定贴图 1 或贴图 2 的某个通道来影响当前变换属性。

· 乘数：应用到卡片的变换数量。该值越大，贴图对卡片的影响越明显。

· 偏移：偏移值，调整该参数可以使运动整体增加一定的值或减少一定的值。

· 摄像机系统：指定效果的摄像机系统，效果可受到何种摄像机控制。可以选择效果的摄像机位置属性、边角定位属性，或者默认的合成摄像机来观察卡片运动状态。

· 摄像机位置：摄像机位置，随需设置参数（见图 9-10-3）。

图 9-10-3

· 边角定位：角点控制，随需设置参数（见图 9-10-4）。

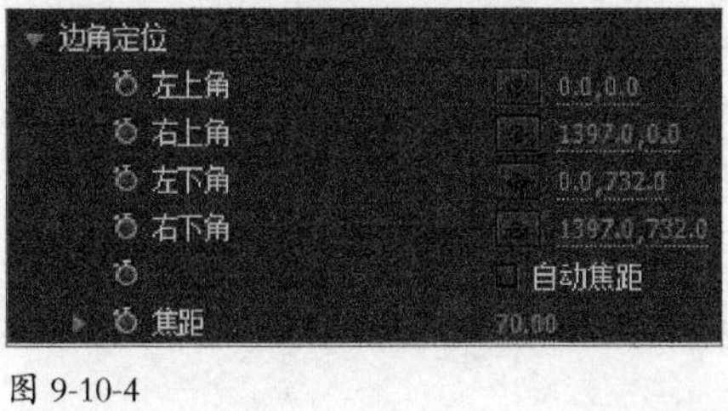

图 9-10-4

· 灯光: 调整场景中的灯光，随需设置参数（见图 9-10-5）。

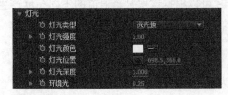

图 9-10-5

· 材质: 材质属性，设置卡片的反射效果，随需设置参数（见图 9-10-6）。

图 9-10-6

9.10.2　焦散效果

该效果可以模拟焦散与折射效果，主要用于模拟水波或者气浪的折射表面（见图 9-10-7）。

图 9-10-7

随需设置参数（见图 9-10-8）。

图 9-10-8

· 底部: 定义水波底部的地面效果，随需设置参数（见图 9-10-9）。

图 9-10-9

· 水：定义水波的折射效果，随需设置参数（见图 9-10-10）。

图 9-10-10

· 天空：设置天空映射到水波上的效果，随需设置参数（见图 9-10-11）。

图 9-10-11

· 灯光：调整场景中的灯光，随需设置参数（见图 9-10-12）。

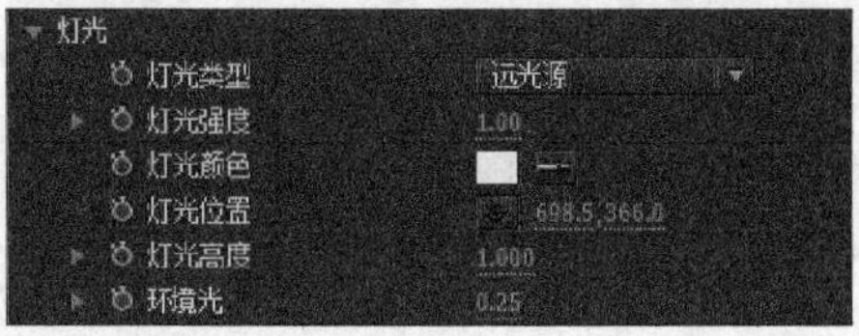

图 9-10-12

· 高光锐度：材质属性，设置水波的反射效果，随需设置参数（见图 9-10-13）。

图 9-10-13

9.10.3 泡沫效果

该效果主要用于创建气泡效果。该效果提供了非常强大的气泡形态控制与动力学控制，甚至可以通过指定贴图控制气泡的流动（见图 9-10-14）。

图 9-10-14

随需设置参数（见图 9-10-15）。

图 9-10-15

· 视图：定义气泡的显示方式。

· 制作者：定义气泡开始产生的位置与速度等，相当于气泡发射器，随需设置参数（见图 9-10-16）。

图 9-10-16

· 气泡：提供对气泡的精确控制，随需设置参数（见图9-10-17）。

图9-10-17

· 物理学：物理系统控制，可定义气泡的受力，该受力会直接影响气泡的运动，随需设置参数（见图9-10-18）。

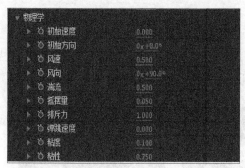

图9-10-18

· 缩放：以发射器中心作为轴心点，对所有气泡效果进行缩放处理。

· 综合大小：设置气泡范围的大小，所有产生的气泡在这个范围内运动。

· 正在渲染：定义气泡渲染显示设置，可以为气泡添加纹理贴图或环境贴图，随需设置参数（见图9-10-19）。

图9-10-19

· 流动映射：指定气泡运动控制贴图，随需设置参数（见图9-10-20）。

图 9-10-20

流动映射用于指定运动控制贴图,该贴图可控制气泡运动的方向与速度。该贴图只能识别为图片,如设置为视频贴图,则只有第一帧会产生影响。运动控制贴图基于图像的亮度,亮部为强,暗部为弱,如果贴图具有太多亮度细节,则运动速度会不平滑,可适当将贴图模糊。由于该效果调用贴图时不识别贴图添加的效果,因此可将贴图层模糊后进行预合成操作,再指定为贴图。

· 模拟品质:定义渲染质量,增大该值,可得到更为真实的渲染效果,同时会增加渲染时间。

· 随机植入:设置气泡的随机效果。

9.10.4 粒子运动场效果

该效果是一种粒子效果,可以使用户快捷方便地控制大量元素运动,如鱼群或暴风雪等效果都需要使用粒子效果来完成。该效果提供了非常丰富的粒子控制(见图 9-10-21)。

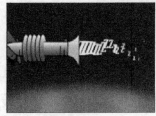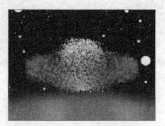

图 9-10-21

发射器用于定义产生粒子的方式。粒子运动场效果提供了 4 种粒子发射器,分别为发射、网格、图层爆炸和粒子爆炸。

· 发射:加农发射器,该发射器可以设置粒子由一个点或一个圆面积内产生,并可设置粒子的速度、发射方向等。

· 网格:网格型发射器,设置粒子由规则网格的交叉点产生,网格点由行与列参数共同定义,可在特定位置产生粒子,相当于由多个发射点粒子发射器组合而成。

· 图层爆炸:可由指定的层产生粒子,粒子的色彩由产生位置的层色彩定义,粒子产生的区域由层的 Alpha 通道限定。

· 粒子爆炸:粒子爆破,可将其他发射器产生的粒子再次爆破为新粒子。

发射器需要发射粒子才能得到需要的效果，粒子运动场效果提供了3种粒子形态，分别如下。

· 点粒子：即效果默认产生的粒子，该粒子形态为正方形点。

· 字符型粒子：可将粒子修改为字符，则发射器发射字符。

· 自定义贴图：可将粒子替换为用户的自定义贴图，这是最重要的一种粒子方式，可创建各种群集动画或仿真效果。

随需设置参数（见图9-10-22）。

图 9-10-22

· 发射：默认的粒子发射器，将每秒粒子数参数设置为0，可关闭该发射器，随需设置参数（见图9-10-23）。

· 网格：网格型粒子发射器在一个平面内产生粒子，由于没有发射速度等设置，网格型粒子的受力完全由重力决定，随需设置参数（见图9-10-24）。

· 图层爆炸：设置由某个特定的层产生粒子（见图9-10-25）。

图 9-10-23

图 9-10-24

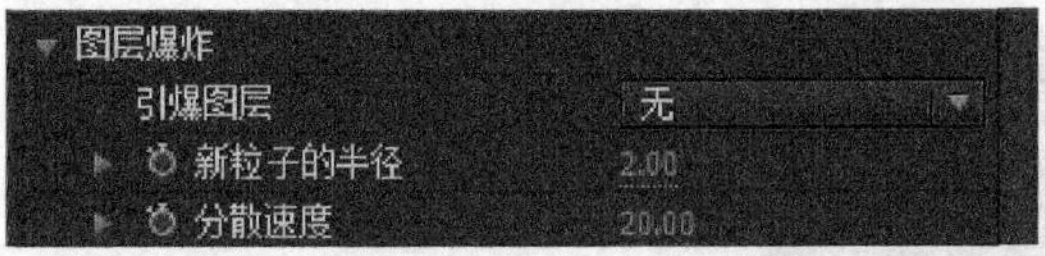

图 9-10-25

· 粒子爆炸：设置将其他发射器发射的粒子作为发射器产生新粒子，随需设置参数（见图 9-10-26）。

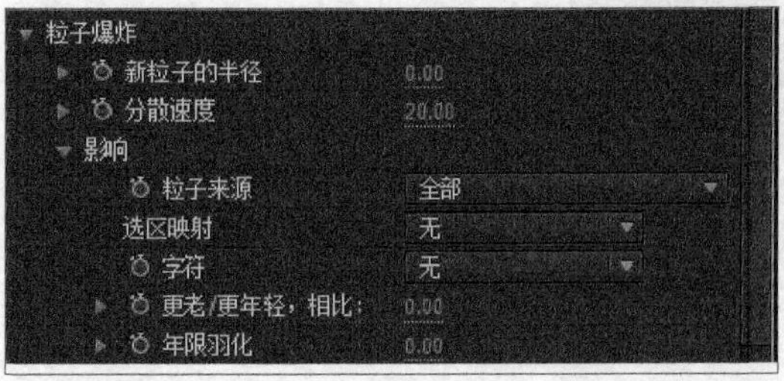

图 9-10-26

· 图层映射：层贴图，可以定义点粒子被替换为何种形状，默认情况下，粒子为点外形。如希望将粒子替换为飞鸟，则可将粒子形状替换为飞鸟形状层，这样发射的粒子变为飞鸟形状。随需设置参数（见图 9-10-27）。

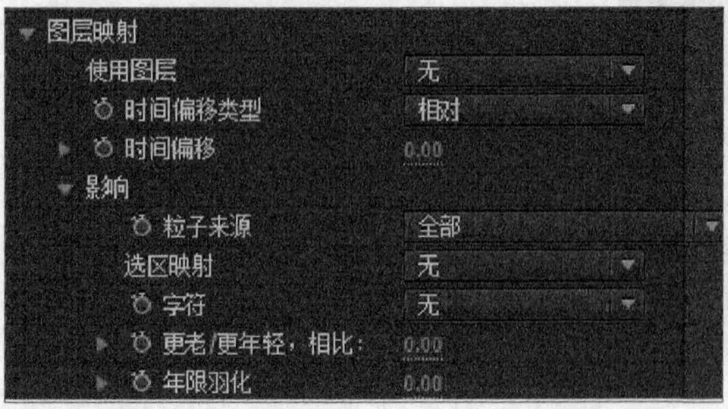

图 9-10-27

· 重力: 设置粒子受到重力影响的方式, 随需设置参数 (见图 9-10-28)。

图 9-10-28

· 排斥: 设置粒子之间的排斥力影响, 随需设置参数 (见图 9-10-29)。

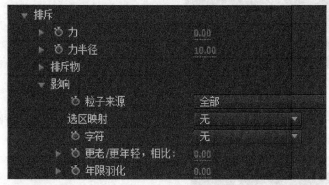

图 9-10-29

· 墙: 设置粒子反弹, 可指定层中的某个蒙版作为反弹边缘, 粒子碰到该边缘会产生反弹效果, 随需设置参数 (见图 9-10-30)。

图 9-10-30

粒子运动场有两种属性贴图设置, 可以使用永久属性映射器或者短暂属性映射器设置贴图对粒子运动和形态的影响。无法对某一个粒子进行精确的运动定位, 但是可以使用贴图某个通道的亮度对粒子运动进行更多的控制。在粒子经过贴图的某个亮度位置时，设置的参数会产生相应的大小变化。

· 永久属性映射器：粒子在合成中运动，可经过贴图的某个位置，如贴图大小小于合成大小，粒子运动至没有贴图的位置时依然保持最后经过的贴图位置的运动与形态，所以称之为持续属性贴图。随需设置参数（见图 9-10-31）。

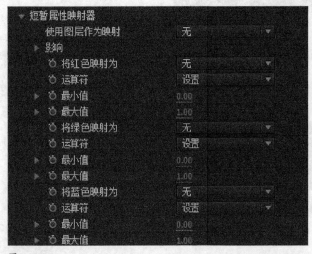

图 9-10-31

· 短暂属性映射器：粒子经过合成中贴图的某个位置时，可产生相应的变化，如运动至没有贴图的位置，则返回到受贴图影响前的粒子状态。随需设置参数（见图 9-10-32）。

图 9-10-32

欲设置字符型粒子，单击效果控件面板中效果名称右边的"选项"按钮，可弹出"粒子运动场"

对话框（见图 9-10-33）。在该对话框中可直接输入文本，将粒子替换为文本型。

图 9-10-33

- 编辑发射文字：编辑加农文本，输入的文本仅影响加农粒子。

- 编辑网格文字：编辑网格文本，输入的文本仅影响网格粒子。

9.10.5 碎片效果

该效果可以模拟爆炸效果，并提供了许多参数控制爆炸的细节，比如爆破形状、爆破受力、爆破形状渲染，以及灯光与摄像机设置等（见图 9-10-34）。

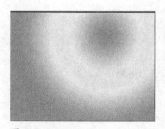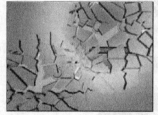

图 9-10-34

随需设置参数（见图 9-10-35）。

- 视图：指定合成面板中效果的预览方式。

- 渲染：显示最终渲染结果，在输出的时候需要切换到这种显示方式。

- 形状：设置爆破碎片的形状，随需设置参数（见图 9-10-36）。

- 作用力 1 和作用力 2：对爆破力与爆破区域进行控制，随需设置参数（见图 9-10-37）。

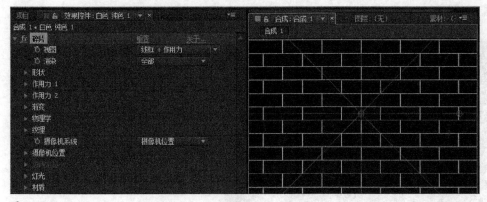

图 9-10-35

图 9-10-36

图 9-10-37

- 渐变：设置通过渐变贴图控制爆破区域，随需设置参数（见图 9-10-38）。

图 9-10-38

- 物理学：定义碎片在空间中运动时的受力情况，随需设置参数（见图 9-10-39）。

- 纹理：设置碎片的贴图纹理，随需设置参数（见图 9-10-40）。

- 摄影机设置：可设置为摄影机位置、边角定位或合成的摄像机与灯光。

- 摄影机位置：将"摄影机设置"设置为"摄影机位置"时可激活该项，随需设置参数（见图 9-10-41）。

图 9-10-39

图 9-10-40

图 9-10-41

· 边角定位: 角点, 将 "摄影机设置" 设置为 "边角定位" 时可激活该项, 随需设置参数 (见图 9-10-42)。

图 9-10-42

· 灯光: 调整场景中的灯光, 随需设置参数 (见图 9-10-43)。

图 9-10-43

· 材质：设置碎片的漫反射和镜面反射效果，随需设置参数（见图 9-10-44）。

图 9-10-44

9.10.6　波形环境效果

该效果主要用于创建灰度的水面波动效果，还经常用于其他层的扭曲置换贴图，以模拟层置于水下的效果（见图 9-10-45）。

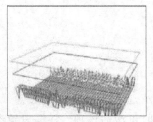

图 9-10-45

随需设置参数（见图 9-10-46）。

图 9-10-46

· 视图：定义显示方式。

· 线框控制：线框显示控制，将"视图"设置为"线框预览"时可激活该项，随需设置参数（见图 9-10-47）。

图 9-10-47

· 高度映射控制：贴图控制，将"视图"设置为"高度地图"时可激活该项，随需设置参数（见图 9-10-48）。

· 模拟：仿真控制，可定义水波表面的细节效果，随需设置参数（见图 9-10-49）。

· 地面：定义水下的地面层，该层可受到水波折射而产生扭曲。该效果仅渲染水波的最终黑白图像，不渲染地面层。随需设置参数（见图 9-10-50）。

图 9-10-48

图 9-10-49

图 9-10-50

· 创建程序 1 与创建程序 2：设置水波发射器，随需设置参数（见图 9-10-51）。

图 9-10-51

9.11　风格化效果

9.11.1　画笔描边效果

该效果可将图像处理成画笔随意涂抹的效果（见图 9-11-1）。

图 9-11-1

随需设置参数（见图 9-11-2）。

图 9-11-2

· 描边角度：定义绘画笔触的角度。

- 画笔大小：定义绘画笔触的粗细。

- 描边长度：定义绘画笔触的长度。

- 描边浓度：定义不同笔触交叠位置的强度。

- 描边随机性：定义画笔笔触的随机形态。

- 绘画表面：定义绘画笔触的应用方式。

- 与原始图像混合：绘画效果与源图像的透明度混合。

9.11.2 卡通效果

该效果可以将图像模拟为实色填充或描线的绘画效果（见图 9-11-3）。

随需设置参数（见图 9-11-4）。

图 9-11-3

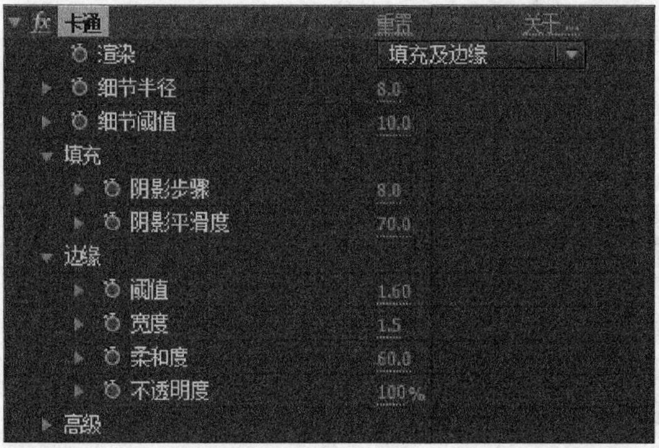

图 9-11-4

- 渲染：设置最终渲染效果，可设置为填充、边框或填充及边框。

- 细节半径：定义平滑图像与去除细节的模糊程度，该值越大，细节越少，线条越平滑。

- 细节阈值：细节阈值，该值越大，则图像中更多亮度范围的像素产生平滑效果。

- 填充：设置图像的色块填充效果。

- 阴影步骤：定义明暗的层次数量。

- 阴影平滑度：定义明暗各层次间的平滑过渡。

- 边缘：设置图像边缘的描线效果。

- 阈值：设置图像中相邻像素之间的差异在多大以上才允许定义为边缘，产生描线效果。

- 宽度：边缘描线的粗细。

- 柔和度：边缘描线的柔化。

- 不透明度：边缘描线的不透明度。

- 高级：对卡通效果的高级控制。

9.11.3 彩色浮雕效果

该效果可产生浮雕效果（见图 9-11-5）。

图 9-11-5

随需设置参数（见图 9-11-6）。

图 9-11-6

- 方向：设置浮雕凸起方向。

- 起伏：设置浮雕强度，即立体厚度大小。

- 对比度：设置对比度，即模拟光照强度，高强度光照的高光和阴影都比较明显。

- 与原始图像混合：浮雕效果与原始图像的透明度混合。

9.11.4 查找边缘效果

该效果可计算得到图像中对比较强的边缘部分，模拟手绘线条的效果，随需设置参数（见图 9-11-7）。

图 9-11-7

- 反转：对计算得到的图像进行反色处理。

- 与原始图像混合：查找边缘效果与原始图像的透明度混合。

9.11.5 发光效果

该效果可在图像的亮部产生发光效果，发光可以是自发光，也可以由用户自定义光的色彩（见图 9-11-8）。

图 9-11-8

随需设置参数（见图 9-11-9）。

- 发光基于：定义发光的依据，即根据图像某个通道的亮部产生发光效果。

- 发光阈值：定义高于某个亮度值的像素允许产生发光效果。

- 发光半径：定义发光半径。

- 发光强度：定义发光强度。

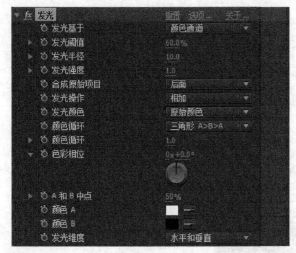

图 9-11-9

- 合成原始项目：定义发光效果与原始图像进行混合的方式。

- 发光操作：定义发光效果与原始图像的混合模式。

- 发光颜色：发光色彩，可设置为原始颜色、A 和 B 颜色和任意映射。

- 颜色循环：定义发光色彩的循环方式，将发光颜色设置为 A 和 B 颜色时有效。比如选择锯齿 A>B 代表发光物体的光源色为 A 光，距离光源位置稍远一些变化为 B 光。

- 颜色循环：设置对颜色循环选择的光色进行循环。

- 色彩相位：色彩相位，设置循环光的相位变化。

- A 和 B 中间点：定义选择的 A、B 色光的混合程度，即设置色光强度的偏移。

- 颜色 A、颜色 B：分别指定 A、B 色光的色彩。

- 发光维度：指定在水平、垂直或水平垂直方向产生发光效果。

9.11.6　马赛克效果

该效果可以将图像处理为马赛克拼贴效果（见图 9-11-10）。

- 发光基于：定义发光的依据，即根据图像某个通道的亮部产生发光效果。

- 发光阈值：定义高于某个亮度值的像素允许产生发光效果。

- 发光半径：定义发光半径。

- 发光强度：定义发光强度。

图 9-11-10

图 9-11-11

· 锐化颜色：勾选该项后马赛克色彩增强，效果更接近于原始图像亮度。

9.11.7 动态拼贴效果

该效果可将图像缩小并拼贴起来，模拟地砖拼贴效果，并可设置运动。随需设置参数（见图 9-11-12）。

图 9-11-12

· 拼贴中心：定义拼贴中心。

· 拼贴宽度、拼贴高度：分别定义每个拼贴图像的高度与宽度，数值越大，则合成中显示的拼贴图像越多。

· 输出宽度、输出高度：分别定义整体拼贴图像的裁切效果，默认为铺满整个层。

· 镜像边缘：将拼贴的图像镜像显示。

· 相位：设置拼贴图像沿水平或垂直方向运动，如何运动由是否开启"水平位移"选项决定。

· 水平位移：勾选该项后拼贴图像将由垂直运动更改为水平运动。

9.11.8　色调分离

该效果可修改图像每个通道的分阶数量，从而定义图像的渲染精度。例如，一个灰度图像以 0～255 显示纯黑到纯白的灰阶，如将级别设置为 2，则只用 0 和 1 来显示灰阶，即只有纯黑与纯白显示（见图 9-11-13）。

图 9-11-13

随需设置参数（见图 9-11-14）。

图 9-11-14

图像的最终色彩数或亮度不能按级别的值来定，因为该效果是对图像的红、绿、蓝通道亮度分别进行分阶处理，在最终图像中会混合出更多的色彩与亮度变化。

9.11.9　毛边效果

该效果可以在图像的 Alpha 通道边缘产生粗糙边缘的效果（见图 9-11-15）。

图 9-11-15

随需设置参数（见图 9-11-16）。

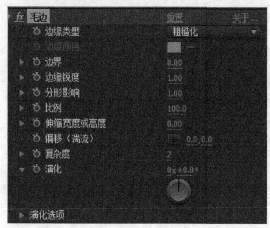

图 9-11-16

· 边缘类型：设置粗糙边缘的类型。

· 边缘颜色：当"边缘类型"设置为"生锈颜色"或"颜色粗糙化"时，可指定填充色类型。

· 边界：定义粗糙边缘的宽度。

· 边缘锐度：定义粗糙边缘的柔化程度。

· 分形影响：定义边缘的粗糙程度。

· 比例：定义粗糙边缘的形状缩放。

· 伸缩宽度或高度：定义边缘噪波形状的宽、高设置。

· 偏移(湍流)：定义边缘噪波形状的移动。

· 复杂度：定义边缘噪波形状的细节。

· 演化：定义边缘噪波形状的动态变化。

· 演化选项：可设置边缘噪波运动，随需设置参数（见图 9-11-17）。

图 9-11-17

9.11.10 散布效果

该效果可使组成图像的像素散开，从而模拟图像消散的效果（见图 9-11-18）。

图 9-11-18

随需设置参数（见图 9-11-19）。

图 9-11-19

· 散布数量：设置像素散开的程度。

· 颗粒：定义像素向水平方向、垂直方向或两者消散。

· 散布随机性：定义散开形状是否在每一帧重新计算一次，当原始图像为视频时可勾选该选项。

9.11.11 闪光灯效果

该效果可使图像产生周期性的填色或透明变化，模拟光脉冲效果，比如每隔两秒闪白一次。随需设置参数（见图 9-11-20）。

· 闪光颜色：设置闪光色。

· 与原始图像混合：设置效果与原始图像的透明度混合。

· 闪光持续时间（秒）：设置多长时间闪光显示一次。

· 闪光间隔时间（秒）：设置闪光显示的初始时间，即第一次显示的时间。

· 随机闪光概率：设置闪光随机出现。

· 闪光：设置闪光的渲染方式。

· 闪光运算符：指定对于每个闪光的操作方式。

· 随机植入：闪光出现随机种子，修改该参数可产生多种随机可能性供用户选择。

图 9-11-20

9.11.12 纹理化效果

该效果可将指定层的层拓扑显示在当前层，从而产生一种纹理叠加的效果（见图 9-11-21）。

图 9-11-21

随需设置参数（见图 9-11-22）。

图 9-11-22

· 纹理图层：指定纹理贴图层。

· 灯光方向：指定贴图凸起的光线方向。

· 纹理对比度：设置贴图纹理的显示强度。

· 纹理位置：定义贴图纹理应用到原始图像的方式，主要定义贴图与原始图像不一样大时的处理方式。

· 拼贴纹理：将贴图纹理复制拼贴。

· 拉伸纹理：将贴图纹理居中显示。

· 拉伸纹理以适合：将贴图纹理拉伸至原始图像大小。

9.11.13 阈值效果

该效果可将图像转化为纯黑与纯白效果（见图 9-11-23）。

图 9-11-23

随需设置参数（见图 9-11-24）。

图 9-11-24

级别：定义多少亮度以上图像为纯白显示，低于该亮度图像为纯黑显示。

9.12 时间效果

该组效果主要用于修改层的时间属性，因此添加该组效果的层最好为视频层。

9.12.1 残影效果

该效果可将不同时间的图像复制到同一时间的图像中，从而创建运动残影效果（见图 9-12-1）。

随需设置参数（见图 9-12-2）。

· 残影时间（秒）：定义提取其他复制图像的时间，以秒为单位。如该值为正，则复制图像从将要播放的影片中提取；如该值为负，则复制图像从播放完毕的影片中提取。

图 9-12-1

图 9-12-2

· 残影数量：复制图像的份数。如残影时间（秒）为−0.033，残影数量为 5，则图像由当前位置向前 0.033 秒，提取该位置的图像复制到当前位置，并依次向前 0.033 秒得到 5 份复制的重影结果。

· 起始强度：在重影序列中原始图像的透明度。

· 衰减：定义复制的重影逐步衰减的效果。

· 残影运算符：定义复制的重影与原始图像之间的混合模式。

9.12.2　色调分离时间效果

该效果可以将视频设置为特定的帧速,设置后视频的播放速度不变,每秒显示的帧数发生改变（见图 9-12-3）。

图 9-12-3

随需设置参数（见图 9-12-4）。

帧速率：定义新的帧速。

图 9-12-4

9.12.3 时差效果

该效果可计算不同层之间的色彩，并可对色彩不同的地方进行处理（见图 9-12-5）。

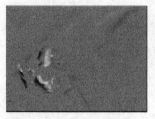

图 9-12-5

随需设置参数（见图 9-12-6）。

图 9-12-6

· 目标：指定与原始层比对的贴图层。

· 时间偏移量(秒)：设置贴图层的时间偏移。

· 对比度：调整对比结果，使差异更加明显化。

· 绝对差值：显示最终合成结果为绝对值。

· Alpha 通道：定义 Alpha 通道的计算方式。

9.12.4 时间置换效果

该效果可根据贴图层的亮度来控制图像的某些位置时间播放较快，某些位置时间播放较慢（见图 9-12-7）。

随需设置参数（见图 9-12-8）。

图 9-12-7

图 9-12-8

· 时间置换层：选择时间置换的层，该层的亮度会对原视频的时间产生影响。

· 最大位移时间（秒）：设置最大置换时间，该时间与 0 之间映射贴图的 255 ～ 0 亮度，即不同亮度可产生不同的播放速度。

· 时间分辨率（fps）：时间分辨率，增加该数值可得到更精确的运算效果，也会增加更多的渲染时间。

· 伸缩对应图以适合：如贴图大小与视频大小不一致，则将贴图拉伸至视频大小。

9.12.5 时间扭曲效果

该效果主要用于对影像的播放速度进行控制，并提供了精确的运算方式与运动模糊等（见图 9-12-9）。

图 9-12-9

随需设置参数（见图 9-12-10）。

图 9-12-10

· 方法: 调速的运算方式, 主要应用于慢放时的不流畅。可设置为全帧、帧混合或像素运动 (通过计算像素运动得到新的插入帧, 运算速度慢, 效果好)。

· 调整时间方式: 定义时间显示单位。可设置为速度或源帧。

· 调节: 设置运动解释细节, 随需设置参数 (见图 9-12-11)。

· 运动模糊: 设置影像的运动模糊效果 (见图 9-12-12)。

图 9-12-11

图 9-12-12

· 遮罩图层: 指定定义影像前景区域与背景区域的层, 在贴图中, 白色为前景区域, 黑色为背景区域，灰色为前景和背景的过渡。

- 遮罩通道：提取贴图的某个通道作为蒙版。

- 变形图层：选择需要进行时间变化的层。

- 显示：定义与 Matte 层相关的显示方式。

- 源剪裁：定义对图像进行四边裁切。

运动跟踪与稳定 10

学习要点：

- 了解跟踪与稳定的原理和适用范围
- 掌握几种点跟踪的操作方式与稳定的操作方式
- 熟练使用跟踪技术完成特定的需求

10.1　After Effects 点跟踪技术

跟踪是一种十分重要的合成手段，After Effects 内置了几种跟踪的方式，使用起来比较方便。

10.1.1　跟踪（稳定）的原理

合成主要包括抠像、调色和跟踪 3 个方面。将一个抠出的元素合成到一个场景中时，如果该场景由运动摄像机拍摄，则元素与场景会产生错位，因此，需要使元素匹配场景的运动，这个匹配操作称为跟踪。一个比较基本的跟踪原理是计算得到场景中某个点或多个点的运动路径，通过运动路径得到场景的位移、旋转或缩放变化，该变化对应摄像机的推拉摇移操作，最后将得到的变化数据赋给需要与该场景合成的元素，使场景中的合成元素与自身元素感觉同处于同一个摄像机拍摄环境中。

在某些特殊环境中进行拍摄工作，在无法使用三脚架的情况下，手的震动会使最终拍摄效果产生晃动感，如需要比较完美的拍摄结果，则需要将晃动的图像稳定下来，这个操作叫作稳定。稳定的原理是计算场景中某个点或多个点的运动路径，这些点原本是场景中静止的元素，由于摄像机晃动而产生运动，只要将这些元素静止下来，场景也会随之静止。

10.1.2　跟踪调板详解

跟踪与稳定操作都是利用一个名为跟踪器的调板来进行的（见图 10-1-1）。

图 10-1-1

· 跟踪摄影机：单击该按钮可以进行摄影机反求操作（参照本书三维层部分）。

· 变形稳定器：单击该按钮可进行自动画面稳定操作，在选择晃动素材后，直接单击该按钮可以自定稳定画面。

· 跟踪运动：单击该按钮可进行跟踪操作。

· 稳定运动：单击该按钮可进行稳定操作。无论单击"跟踪运动"按钮还是"稳定运动"按钮，选择的层都会在图层调板中开启，并显示默认的 1 个跟踪点，即进行 1 点跟踪操作。跟踪操作在 Layer 调板中进行（见图 10-1-2）。

图 10-1-2

· 运动源：指定跟踪的源，即需要进行跟踪操作的层。

- 当前跟踪:指定当前的跟踪轨迹。一个层可进行多个跟踪,可在此参数中切换不同的跟踪轨迹。

- 跟踪类型: 指定跟踪类型。

- 变换: 变换跟踪, 可分别设置为 1 点跟踪、2 点跟踪。选择该选项时, 下方的位置、缩放、旋转选项被激活。如仅选中"位置",则进行 1 点跟踪,仅记录位置属性变化,是默认的跟踪方式。如勾选"位置"的同时勾选其他任何一个选项或全部勾选,则图层调板中将出现 2 个跟踪点,可进行 2 点跟踪操作,该操作记录位置变化的同时还记录旋转或缩放变化 (见图 10-1-3)。

- 稳定:稳选择该选项可对层进行稳定操作, 使用方法与变换相同。

- 透边角点定位: 也称为 4 点跟踪, 主要记录层中某个面的透视变化。该跟踪方式用于对某个面进行贴图操作。选择该跟踪方式可产生 4 个跟踪点,可分别跟踪目标平面的 4 个顶点,跟踪完毕后这 4 个跟踪点的位置可替换为贴图 4 个顶点的位置 (见图 10-1-4)。

图 10-1-3 图 10-1-4

- 平行角点定位: 也称为 3 点跟踪, 主要记录层中某个面的透视变化。一般使用透视角点定位跟踪方式进行跟踪, 如跟踪过程中某个角点在画面外, 或不容易跟踪时, 才使用这种方式。该方式可对 3 个指定点进行跟踪操作,第 4 个点通过这 3 个点的位置计算出来,因此不能得到正确的透视变化。

- 原始: 相当于 1 点跟踪, 仅跟踪位置数据, 得到的数据无法直接应用于其他层, 一般通过复制和粘贴、表达式连接的方式使用该数据。

- 编辑目标: 定义将得到的跟踪数据赋予哪一个层或效果, 即需要跟随跟踪元素运动的层或效果。单击该按钮可开启 "运动目标" 对话框 (见图 10-1-5)。

图层: 单击下拉列表框可以指定一个层, 即将跟踪数据赋予该层。

效果点控制: 单击下拉列表框可指定跟踪层上添加效果的位移属性参数, 即将跟踪数据赋予本层的效果控制点参数。

💡 如果将跟踪数据赋予层,该层必须不是跟踪元素所在的层。如果将数据赋予效果,那么该效果必须是跟踪元素所在的层添加的效果,且该效果中必须有效果位置控制参数。

- 选项: 单击该按钮可开启 "动态跟踪器选项" 对话框 (见图 10-1-6),可对跟踪进行进一步的设置。

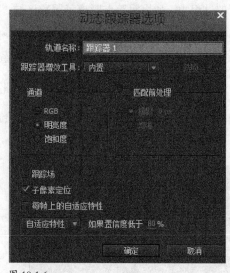

图 10-1-5   图 10-1-6

轨道名称：指定当前跟踪的名称。

跟踪器增效工具：显示载入到 After Effects 中的跟踪插件。

通道：跟踪都是基于像素差异进行的，跟踪点与周围环境没有差异的话则无法正确跟踪跟踪点的变化。该选项用于指定跟踪点与周围像素的差异类型，RGB 为色彩差异，明亮度为亮度差异，饱和度为饱和度差异。

跟踪场：识别跟踪层的场，比如 PAL 制每秒 25 帧可识别为 50 场。

子像素定位：将特征区域的像素细分处理，得到更精确的运算结果。

每帧上的自适应特性：对每帧都优化特征区域，可提高跟踪的精确度。

如果置信度低于：定义当跟踪分析时特征低于多少百分比时应采取何种处理方式，可设置为继续跟踪、停止跟踪、预测运动或自适应特性。其中，预测运动可在跟踪点被短暂遮挡时自动计算该跟踪点应该运动到的位置，并从该位置继续开始跟踪。

· 分析：对跟踪操作开始进行分析，在分析的过程中跟踪点会产生关键帧。

· 向后分析一帧 ◀|：向后分析一帧。

· 向后分析 ◀：倒放分析。

· 向前分析 ▶：播放分析。

· 向前分析一帧 |▶：向前分析一帧。

在分析的过程中，如果跟踪点脱离了跟踪区域，可以将时间指示标向前拖动至跟踪正确区域，重新跟踪。新的跟踪关键帧会替换错误的跟踪关键帧。

· 重置：重置跟踪结果，如对跟踪结果不满意可单击此按钮。

· 应用：应用跟踪结果，如对跟踪结果满意可单击此按钮，将跟踪结果应用到编辑目标指定的层上。

无论选择何种跟踪或稳定类型，在层调板中都会出现相应的几个跟踪点，每个跟踪点由3个控制项组成（见图10-1-7）。

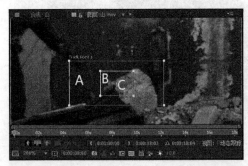

图 10-1-7

A——搜索区域：该区域不能太大，要确保在视频的任何一帧，该区域中只有一个跟踪点，不能有其他类似的点，否则跟踪区域会在两个跟踪点之间跳动。该区域也不能太小，要确保在视频的任意两帧之间，跟踪点无论如何运动都在大框之内，否则可能找不到跟踪点，因此跟踪失败。

B——特征区域：用于定义跟踪的特征范围。After Effects记录当前特征区域内的对象特征，并在后续影像中对该特征区域进行查找与对位，从而完成对该点的跟踪效果。

C——特征区域的中心点：该点可以设置在特征区域甚至搜索区域之外，最终跟踪结果以该点的位置为计算依据，一般不移动该点。

10.1.3 跟踪（稳定）的流程

跟踪与稳定具有基本相同的工作流程如下。

（1）在时间轴上选择需要跟踪或稳定的层。如进行跟踪操作，则最少需要2层，其中一层为进行跟踪的层，另一层为跟踪数据赋予的层。

（2）打开跟踪器调板，单击"跟踪运动"按钮可进行跟踪操作。单击"稳定运动"按钮可进行稳定操作。如单击"稳定运动"按钮，则跟踪类型会自动转化为稳定类型；如单击"跟踪运动"按钮，则跟踪类型会自动转化为变换类型，默认激活位置，即1点跟踪。用户可对各种跟踪类型进行切换。如需要跟踪位置与旋转变化，则选中"旋转"。

（3）设置跟踪区域与搜索区域，以匹配跟踪点的形态与运动。

（4）单击"编辑目标"按钮，在弹出的"编辑目标"对话框中将图层设置为需要赋予跟踪数据的层，即需要跟随跟踪点运动的层。如对层进行稳定操作，则无法激活"编辑目标"按钮。

（5）单击"选项"按钮，弹出"动态跟踪器"对话框，选择跟踪点与周围像素对比最强的通道，如 RGB、亮度或饱和度。

（6）单击分析右边的任何一个按钮，进行分析操作。

（7）分析完成后，如对跟踪结果不满意，可单击"重置"按钮；如满意，可单击"应用"按钮应用跟踪结果。

10.2 Mocha AE

专业的运动跟踪工具 mocha AE 继续包含在 After Effects 中，并与 3D 摄像机跟踪器、Warp Stabilizer 和传统 2D 点跟踪器整合成为一套运动跟踪方案，以应对各种素材的情况。

10.2.1 Mocha 基本操作

1. 在 After Effects 新版本中，已经将 Mocha 无缝集成。在需要使用 Mocha 进行工作的时候，可以选择需要处理的层，执行"动画 > 在 Mocha AE 中跟踪"菜单命令，将其打开。

2. Mocha 打开后会首先弹出 New Project 窗口。（见图 10-2-1）。

图 10-2-1

这里有几个重要参数需要设置。

Frame Range：帧范围，设置需要处理的时间范围；Frame rate：帧速，设置导入素材的帧速；Pixel aspect ratio：像素比例，设置像素宽高比；Separate Fields：设置场序。

以上参数设置需要与素材的规格一致。

设置完毕后单击 OK 按钮，可以完成项目设置并自动开启项目（见图 10-2-2）。

图 10-2-2

Mocha 提供了很多以下操作工具。

· 选择工具：可选择绘制的层，Mocha 跟踪是指定某个层去跟踪指定面。

· 多选工具：选择绘制的内样条线控制点和外边缘控制点。

· 选择内点工具：选择绘制的内样条线控制点。

· 选择边缘点工具：选择外边缘控制点。

· 自动选择工具：自动选择选择绘制的内样条线控制点和外边缘控制点。

· 增加控制点工具：在绘制的层边缘单击可添加新的控制点。

· 抓手工具：可移动观察影像。

- ▣ 放大镜工具：向上拖曳鼠标可放大观察影像，向下拖曳鼠标可缩小观察影像。

- ▣ X-spline 层绘制工具：在影像需要跟踪的边缘连续单击可绘制 X-spline 层（见图 10-2-3）。

- ▣ 添加 X-spline 到层：在已有的 X-spline 层上绘制新的区域，不产生新层。

- ▣ B-spline 层绘制工具：在影像需要跟踪的边缘连续单击可绘制 B-spline 层（见图 10-2-4）。

- ▣ 添加 B-spline 到层：在已有的 B-spline 层上绘制新的区域，不产生新层。

 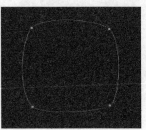

图 10-2-3   图 10-2-4

- ▣ 连接层工具：将多个层连接在一起，有时在绘制时会产生线段，可用于连接不同线段。

- ▣ 连锁定 Bezier 手柄工具：锁定绘制的 Bezier 曲线调整手柄。

- ▣ 旋转工具：激活后单击鼠标定义旋转轴心，拖动鼠标可对选择的点或控制手柄进行旋转。

- ▣ 缩放工具：激活后单击鼠标定义旋转轴心，拖动鼠标可对选择的点或控制手柄进行缩放。

- ▣ 移动工具：激活后拖曳鼠标可对选择的点或控制手柄进行移动。

在时间轴上也有很多工具来对预览和跟踪进行设置（见图 10-2-5）。

图 10-2-5

入出点控制区域，设置素材的入出点范围。跟踪操作就是在该范围内进行（见图 10-2-6）。

图 10-2-6

工作区设置（见图 10-2-7）。

图 10-2-7

播放控制区域。控制素材的播放预览（见图 10-2-8）。

图 10-2-8

跟踪控制区域。对素材进行跟踪计算操作（见图 10-2-9）。

图 10-2-9

关键帧控制区域。对关键帧进行添加、转到和删除等常用操作（见图 10-2-10）。

图 10-2-10

10.2.2　Mocha 跟踪流程

1. 将时间指示标拖曳到第一帧，使用 X-spline 层绘制工具或 Bezier 层绘制工具在影像中需要跟踪的区域绘制选区，单击右键可以完成选区的绘制（见图 10-2-11）。一般无论选用任何一种绘制工具，在一个跟踪平面仅绘制一个选区层，选区绘制完毕后在界面左侧的 Layer Control 调板中会出现绘制的层（见图 10-2-12）。

图 10-2-11

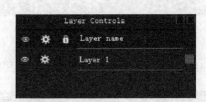

图 10-2-12

2. 如跟踪区域内某区域像素变化与跟踪运动变化不一致，比如手机屏幕会由于高光区域产生亮度的复杂变化，因而影响跟踪效果，可使用添加 X-spline 区域工具或添加 Bezier 区域工具在影像中需要去除的区域绘制选区，默认情况下，两个 Spline 重合区域会自动减掉（见图 10-2-13）。

图 10-2-13

3．在界面下方的跟踪设置区域可对跟踪进行精确设置（见图 10-2-14）。

图 10-2-14

· 勾选 Iuminance，则根据亮度进行跟踪。

· 勾选 Auto Channel，则自动选择对比最强的通道进行跟踪。

· 勾选 Translation，则跟踪平面位移数据。

· 勾选 Scale，则跟踪平面缩放数据。

· 勾选 Rotation，则跟踪平面旋转数据。

· 勾选 Shear，则跟踪平面倾斜数据。

· 勾选 Perspective，则跟踪平面透视数据。该项默认是不勾选的，如果需要跟踪透视数据，如显示屏上的贴片效果，则需要勾选该项。

4. 单击预览窗口顶部的 Matte 按钮（见图 10-2-15），在预览窗口显示当前跟踪平面（见图 10-2-16）。

5. 将当前跟踪平面的四个顶点拖曳到可以代表跟踪平面透视变化的位置，比如手机屏幕（见图 10-2-17）。如选择 Perspective 跟踪方式，这四个顶点即为跟踪透贴图的四个顶点，比如将手机屏幕替换为其他视频。

图 10-2-16

图 10-2-15

图 10-2-17

6. 单击预览窗口右下角的 Track 参数后的跟踪控制按钮，可进行跟踪分析操作。 5 个控制按钮分别为：倒向分析、向后分析一帧、暂停分析、播放分析、向前分析一帧（见图 10-2-18）。

7. 分析完毕后，单击 Tracker 调板右下角的 Export Tracking Data 按钮，弹出 Export Tracking Data 对话框（见图 10-2-19）。该对话框中显示跟踪数据，该数据可直接被 After Effects 识别和使用。

图 10-2-18

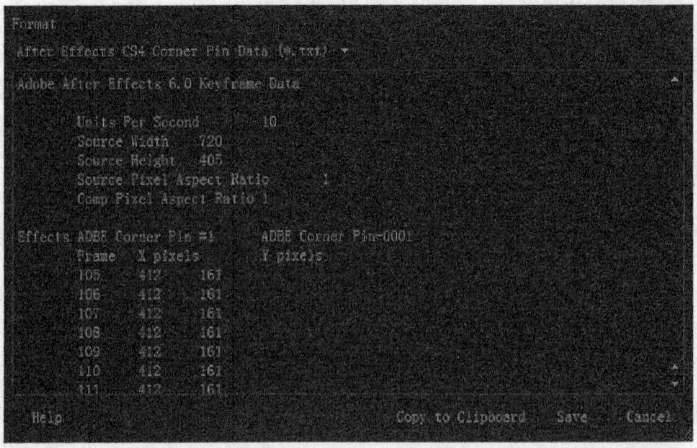

图 10-2-19

将 Format 设置为 After Effects Corner Pin Data，可将跟踪平面的四个顶点的关键帧信息复制，并赋予 After Effects 贴图层的 Corner Pin 效果，从而得到贴图层四点的透视变化。该选项仅在跟踪类型勾选 Shear 或 Perspective 有效。

也可将 Format 设置为 After Effects Transform Data，则仅仅复制位移、缩放、旋转 3 种变换信息，变换信息赋予 After Effects 贴图层的中对应的层变换属性。

单击 Copy To Clipboard 按钮将需要的信息复制到剪切板。

8. 打开 After Effects，导入跟踪层与贴图层，并以跟踪层参数建立新合成。在贴图层上按下 Ctrl+V 组合键将复制的关键数据粘贴到贴图层，该贴图层变化即对应 Mocha 中用户设置的 Surface 变化。

如复制 After Effects Corner Pin Data，则 After Effects 会自动给贴图层添加 Corner Pin 效果，并赋予关键帧数据，得到层的透视变化效果（见图 10-2-20、图 10-2-21）。

图 10-2-20

图 10-2-21

💡 执行粘贴关键帧操作时，时间指示标所显示的跟踪层位置一定要是在 Mocha 中设置跟踪入点的画面位置，否则跟踪效果会产生时间错位。

10.2.3 Mocha Roto 抠像

在视频编辑中，Mask 逐帧抠像是一种非常重要的抠像方式，在前景和背景没有明显区别的条件下，这种抠像方式的重要性是不言而喻的。

After Effects 提供了 Mask 工具对图像进行抠像处理，并通过对 Mask Path 设置关键帧的方式来进行逐帧抠像。但是这种方法繁琐和乏味，同时也不精确。

新版本的 Mocha 可以对视频进行跟踪抠像，用户可以对跟踪区域绘制一个封闭的精确形状，然后将该形状与跟踪结果链接的方式得到动态形状选区。

1. 添加跟踪区域选区

该区域主要用于抠像平面的跟踪。具体抠像边缘需要另外建立选区。

（1）创建一个新项目，将时间指示标尺拖曳到第 1 帧，然后绘制一个大概包裹需要抠像区域的选区形状（见图 10-2-22）。

图 10-2-22

（2）选择该形状上的所有控制点，然后调整控制手柄（见图 10-2-23）。

图 10-2-23

（3）双击层名称，并将其重新命名为"BMW front track"（见图 10-2-24）。

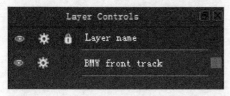

图 10-2-24

（4）建立一个新层，并将其重新命名为"BMW side track"，用同样的方式绘制侧面的选区形状（见图 10-2-25）。

图 10-2-25

2. 设置跟踪类型

（1）确保选择正确的跟踪类型，本例中需要选择 Perpective（透视）参数来确保跟踪到侧面（"BMW side track"层）的透视变化。Translation 和 Rotation、Scale 是记录运动的基本参数，一般是勾选的（见图 10-2-26）。

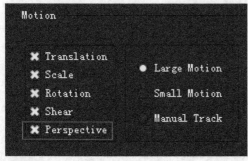

图 10-2-26

（2）切换到"BMW front track"层，选择 Shear（倾斜）的跟踪方式（见图 10-2-27）。

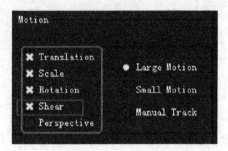

图 10-2-27

3. 跟踪

（1）选择需要跟踪的层的形状。

（2）单击跟踪按钮对图像进行跟踪操作。

4. 设置层激活

（1）当跟踪完毕后并对跟踪结果满意，需要取消跟踪层的激活，这样跟踪层不会在最终渲染结果中显示。可以在 Cruve Editor（曲线编辑器）中设置 Active（激活）开关，来设置激活属性。该值为"0"则非激活，为"0"则为激活状态（见图 10-2-28）。

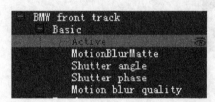

图 10-2-28

（2）也可以在层的控制调板中设置入出点之间的范围来定义激活区域（见图 10-2-29）。

图 10-2-29

（3）在层调板中右键单击层，可选择 Acitivate Layer 或 Deactivate Layer（见图 10-2-30）。

在层取消激活后，在预览窗口中是不会显示的，如果需要显示，重新开启即可。

图 10-2-30

5. 添加抠像选区

在跟踪平面完成跟踪后，需要设置精确跟踪区域。这个区域需要非常精确，是最终的抠像保留区域。

（1）选择 X spline 或者 Bezier Spline 工具然后沿着抠像边缘仔细绘制选区形状，这时 Mocha 会自动建立一个新层（见图 10-2-31）。

图 10-2-31

（2）将层重命名为"BMW side roto"然后在 Link Splines to Track 后的下拉菜单中选择"BMW Side track"，将其链接到已经做好运动跟踪的"BMW side Track"层。这样绘制的用于抠像的新形状已经可以跟随跟踪平面进行运动，从而达到动态抠像的效果（见图 10-2-32）。

图 10-2-32

（3）添加正面的抠像区域，并将其重新命名为"BMW front roto"，用同样的方法与跟踪完毕的"BMW front track"链接（见图 10-2-33）。至此，整个跟踪抠像工作基本完成了。

图 10-2-33

6. 手工修改不正确形状

在设置跟踪形状跟踪后，由于透视或跟踪主体的变化，在不同时间段可能需要对某些区域进行手动更改。这时需要开启自动记录关键帧按钮，然后将 Keyframe by（自动记录关键帧类型）设置为 Spline，即记录曲线变化形态。然后可以拖曳时标尺行手动处理（见图 10-2-34）。

图 10-2-34

7. 预览抠像蒙版

在显示控制调板可以设置多种显示方式，激活 Mattes 按钮，可以预览最终抠像结果（见图 10-2-35、图 10-2-36）。

图 10-2-35

图 10-2-36

8. 输出到 AE

（1）在 Track 调板中单击 Export Shape Date 按钮，打开 Export Shape Data 调板，Selected layer（输出选择的层）、All visible layers（输出所有可见层）、All layers（输出所有层）。确定后单击 Copy to Clipboard 将选择的数据类型复制到剪切板（见图 10-2-34）。

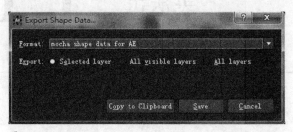

图 10-2-37

（2）打开 After Effects 执行 Edit>Paste Mocha Mask，可以将动态选区数据粘贴到 After Effects 中。

11 表达式

学习要点：

· 了解表达式的特性和功能
· 掌握使用表达式的各种操作方法
· 理解并掌握表达式语言的基本语法
· 熟练使用表达式完成特定的需求

11.1 表达式概述与基本操作方法

　　表达式是基于 JavaScript 的一种用语言描述动画的功能。当制作较为复杂的动画效果时，例如变速运动的汽车，如果使用表达式将其车轮的位置和旋转角度变化与车身的运动建立一定的关联，则会省去大量的关键帧。应用表达式可以在层的属性之间建立关联，使用某一属性的关键帧去操纵其他属性，从而提高工作效率。

11.1.1 添加、编辑与移除表达式

　　可以通过手动输入或使用表达式语言菜单的方式添加表达式，还可以使用表达式关联器或粘贴的方式生成表达式。

　　在时间轴面板中，可以对表达式进行任何操作（见图 11-1-1）。有时在效果控件面板中，使用拖曳表达式关联器到属性的方式会比较方便。时间图表区域中有个可以输入文字的区域，即表达式区域，可以在其中输入表达式并进行编辑。层模式中，表达式区域在属性的旁边显示；图表编辑模式中，表达式区域在图表编辑器的底部显示。可以在文字编辑器中输入一段表达式，然后复制到表达式区域。为一个层属性添加了一个表达式后，在表达式区域中会出现一个默认的表达式。默认的表达式本身没有任何意义，仅设置为自身的值，从而使调整表达式变得十分容易。

　　可使用如下方法添加、停用或移除表达式。

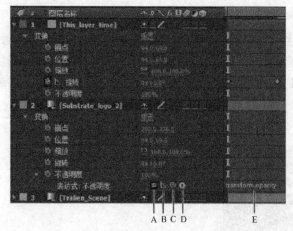

图 11-1-1　A."启用表达式"开关　B."显示后表达式图表"按钮　C.关联器
D."表达式语言"菜单　E."表达式"字段

· 为属性添加表达式，可在时间轴面板中选择属性，使用菜单命令"动画 > 添加表达式"，或使用快捷键"Alt+Shift+="，还可以按住"Alt"键，在时间轴面板或效果控件面板中单击属性名称旁边的秒表按钮 。

· 要暂时停用表达式，可单击表达式开关按钮 。当表达式停用后，开关按钮上会出现一条斜线 。

· 为属性移除表达式，可在时间轴面板中选择属性，使用菜单命令"动画 > 移除表达式"，或按住"Alt"键，在时间轴面板或效果控件面板中单击属性名称旁边的秒表按钮 。

添加表达式最好的方法是：使用表达式关联器创建一个简单的表达式，然后使用简单的数学运算来调整表达式内容。

11.1.2　表达式语言菜单

时间轴面板中的表达式语言菜单包含了 After Effects 表达式中特有的语言元素，这个菜单对于指定有效元素和正确语法十分有帮助，可以作为所支持元素的参考。当选择任意对象、属性或菜单中设定的方法时，After Effects 自动在插入点位置将其插入到表达式区域。如果在表达式区域中的文字被选中，新的表达式文字会替换所选文字。如果插入点不在表达式区域内，新的表达式文字会替换区域内的所有文字。

表达式语言菜单会列出参数和默认值，这个设置使得输入表达式时，对于了解哪些元素可以控制变得更加简单。例如，在表达式语言菜单中，属性种类中的摆动方法显示为：wiggle(freq, amp, octaves = 1, amp_mult = 5, t = time)。"wiggle"后的括号中列出了 5 个参数，后面 3 个参数中的"="表示这些参数的数值是可选项。

11.1.3 使用表达式关联器

如果对 JavaScript 或 After Effects 的表达式语言不熟悉，可以使用表达式关联器来体验表达式的强大功能。可以从一个属性拖曳关联器图标◎到另一个属性（见图 11-1-2），以使用表达式进行属性链接，表达式文字被从插入点的位置输入到表达式区域。如果插入点不在表达式区域内，新的表达式文字会替换区域中的所有文字。

图 11-1-2

11.1.4 手动编写表达式

如果对 JavaScript 或 After Effects 的表达式语言比较熟悉，可以直接手动编写表达式，这是一种最为自由和直接的使用表达式的方法。

（1）单击表达式区域，进入文字编辑模式。

💡 当进入文字编辑模式时，整个表达式被选中。欲在表达式中进行添加，可在表达式上单击鼠标左键，以置入插入点；否则，将替换整个表达式。

（2）在表达式区域中输入并编辑文字，或者使用表达式语言菜单。

💡 欲查看多行表达式，可以拖曳表达式区域的顶端或底端以重新定义尺寸。

（3）使用如下方式可退出文字编辑模式并激活表达式。

· 按数字键盘上的"Enter"键。

· 单击表达式区域的外面。

11.1.5 将表达式转化为关键帧

对于应用了表达式的属性，当需要修改其某时间段的数值或需要增加其运算速度时，使用菜单命令"动画 > 关键帧辅助 > 将表达式转换为关键帧"，通过对表达式的运算结果进行逐帧分析，可以将其转化为关键帧的形式，并关闭表达式功能（见图 11-1-3）。

图 11-1-3

将表达式转换为关键帧是不可逆的操作，但可以通过重新打开表达式功能的开关，继续应用原表达式。

11.2 表达式案例

表达式的操作是一个相对复杂的过程，既可以自动生成，也可以随需修改。本节将通过几个案例，逐渐深入讲解表达式的操作流程。

11.2.1 使用"表达式关联器"生成属性关联

在 After Effects 中应用表达式无须掌握 JavaScript 的语法，可以使用"表达式关联器"自动生成表达式，这是最简单的应用表达式的方法。本小节将通过制作蜜蜂随表盘旋转一周而逐渐出现的效果（见图 11-2-1），讲解"表达式关联器"的基本操作方法。

图 11-2-1

（1）导入蜜蜂素材"Bee.ai"和表盘素材"Switch.ai"，将其添加到合成场景中，调整它们的大小，并放置到合适的位置（见图 11-2-2）。

图 11-2-2

（2）使用轴心点工具 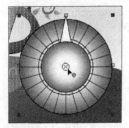 将层"Switch.ai"的轴心点移动到表盘的中心位置（见图11-2-3），并为其 Rotation 属性设置关键帧，使其自转一周。

图 11-2-3

（3）选中层"Bee.ai"的不透明度属性，使用菜单命令"动画＞添加表达式"或快捷键"Alt+Shift+="，激活不透明度属性的表达式功能（见图11-2-4）。

图 11-2-4

（4）单击不透明度属性的表达式关联器按钮 ，并将其拖曳到层"Switch.ai"的旋转属性上（见图11-2-5），其表达式区域中自动生成表达式语句：thisComp.layer("Switch.ai").transform.rotation（见图11-2-6），表示将此属性关联到同一合成中层"Switch.ai"的旋转属性上。

图 11-2-5

图 11-2-6

（5）预览合成，蜜蜂的不透明度随着表盘的转动而增加，但由于表盘转一周是 360°，当转到 100°时，蜜蜂已完全不透明，并不再随表盘的转动而变化。为了使蜜蜂在表盘转动的全过程中逐渐出现，可在自动生成的表达式后面输入"/4"，将其改为：thisComp.layer("Switch.ai").transform.rotation/4

（见图 11-2-7），使蜜蜂的不透明度值等于表盘旋转角度值的四分之一，即当表盘旋转一周时，蜜蜂的不透明度值为 360/4=90，从而完成最终效果。

图 11-2-7

11.2.2　制作真实的动态放大镜效果（一）

使用表达式关联器不仅可以在层的基本属性间建立关联，还可以将效果属性与基本属性关联起来，使用基本属性的关键帧操纵效果的变化，从而制作出更为真实的效果。下面通过制作真实的动态放大镜效果（见图 11-2-8），全面掌握应用表达式的方法。

图 11-2-8

（1）导入放大镜的素材"放大镜 .ai"和网页的素材"Globe.ai"，将其添加到合成中，调整它们的大小，并放置到合适的位置（见图 11-2-9）。

图 11-2-9

（2）使用轴心点工具 ▦ 将层"放大镜.ai"的轴心点移动到镜片的中心位置（见图11-2-10）。

图 11-2-10

（3）选中层"放大镜.ai"，使用菜单命令"窗口 > 动态草图"，调出动态草图面板（见图11-2-11）。单击"开始捕捉"按钮，在合成面板中，按住鼠标左键绘制放大镜的运动路径，层"放大镜.ai"的Position属性自动生成关键帧（见图11-2-12）。

（4）使用菜单命令"效果 > 扭曲 > 球棉花"，为层"Globe.ai"施加球面化效果。选中球面化效果的"球面中心"属性，使用菜单命令"动画 > 添加表达式"，激活此属性的表达式功能，并使用表达式关联器 ▦ 将此属性关联到层"放大镜.ai"的位置属性上（见图11-2-13），其表达式区域中自动生成表达式语句：thisComp.layer("放大镜.ai").transform.position，从而使球面化效果的作用点与放大镜的运动轨迹保持一致。

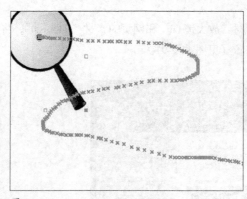

图 11-2-11   图 11-2-12

（5）将球面化效果的"半径"属性设置为85，使球面化效果的半径等于放大镜的镜片半径，放大镜真实的放大效果就制作好了（见图11-2-14）。

（6）使用菜单命令"效果 > 透视 > 投影"，为层"放大镜.ai"添加投影效果，并通过调节其各项参数（见图 11-2-15），使放大镜和网页之间产生真实的距离感（见图 11-2-16）。预览合成，至此已经基本制作出了动态放大镜的效果，后面将继续完善这个效果，使其更加真实。

图 11-2-13

图 11-2-14

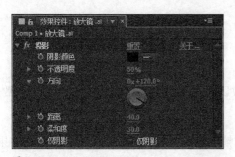

图 11-2-15

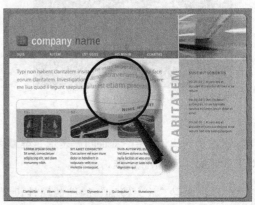

图 11-2-16

11.2.3　制作真实的动态放大镜效果（二）

在创建表达式时经常需要对原始数值进行计算，将计算的结果作为常数添加到表达式中。本小节将通过继续制作真实的动态放大镜效果，来深入体会数学计算在创建表达式过程中的应用。

（1）为层"放大镜.ai"的缩放属性设置关键帧（见图 11-2-17），使其大小不断变化，产生离地时远时近的透视效果。

图 11-2-17

💡 按照习惯，在放大镜运动轨迹的拐角处应离网页最近，故应设置较小的比例参数。

（2）由于放大镜的缩放，其放大效果的半径也应该随之变化。激活层"Globe.ai"的球面化效果的"半径"属性的表达式功能，并使用表达式关联器⌀将此属性关联到层"放大镜.ai"的 Scale 属性的 x 轴数值上（见图 11-2-18）。其表达式区域中自动生成表达式语句：thisComp.layer(" 放大镜.ai").transform.scale[0]，表示球面化效果的半径值等于层"放大镜.ai"的缩放属性的 x 轴数值，显然这个结论是不符合实际情况的。

图 11-2-18

💡 在表达式语句中"scale[0]"表示二维属性缩放属性的 x 轴数值，"scale[1]"表示其 y 轴数值，对于多维属性可以依此类推。

（3）在为层"放大镜.ai"的缩放属性设置关键帧动画前，其 x 轴数值为 85，球面化效果的 Radius 属性值为 115。为了使球面化效果与不断变化大小的放大镜镜片相吻合，两者必须一直保持这个比例关系，即："球面化半径" /thisComp.layer（"放大镜 .ai"）.transform.scale[0]=115/85，通过计算得出："球面化半径" =thisComp.layer（"放大镜 .ai"）.transform.scale[0]*115/85。在自动生成的表达式后面输入 "*115/85"，即可使球面化效果随放大镜的缩放而缩放，并与之保持吻合。

（4）当放大镜与网页的距离发生变化时，其投影到放大镜本身的距离会随之变化。激活层"放大镜 .ai"的投影效果的"距离"属性的表达式功能，并使用表达式关联器将此属性关联到层"Globe.ai"的球面化效果的"半径"属性上（见图 11-2-19），其表达式区域自动生成表达式语句：thisComp.layer("Globe.ai").effect("球面化 ")("半径 ")，表示投影距离等于球面化效果的半径，即放大镜镜片的半径。观察合成面板，会发现投影距离太长了，不符合实际（见图 11-2-20）。

（5）投影距离与镜片半径之间应该存在一定的关系，通过画平行光线图分析（见图 11-2-21），投影距离（D）和放大镜到网页的距离（H）成正比例关系。当放大镜与网页的距离为 0 时，设镜片显示的最小半径为 r_0，通过画透视关系图分析（见图 11-2-22），镜片半径（R）与最小半径（r_0）之差和放大镜到网页的距离（H）也成正比例关系，因此投影距离（D）和镜片半径（R）与最小半径（r_0）之差成正比例关系，即 $D/d_1=(R-r_0)/(r_1-r_0)$，将原始的球面化效果半径（115）与投影距离（40）分别作为 r_1 和 d_1 带入等式，化简得 $D = 40(R-r_0)/(115-r_0)$。在层"放大镜 .ai"的缩放 属性值最小时，球面化效果的半径约为 80，将镜片显示的最小半径 r_0 估算为比此值略小的 75 即可，带入等式，化简得 D=R-75，即"投影距离"=thisComp.layer("Globe.ai").effect("球面化 ")("半径 ") – 75。在自动生成的表达式后面输入 "-75"，即可使投影距离表现出真实的变化效果。

图 11-2-19

图 11-2-20

（6）同理，当放大镜与网页的距离发生变化时，其投影的柔化程度也随之变化。由于投影的柔化程度与投影距离成正比，则激活层"放大镜 .ai"的投影效果的"柔和度"属性的表达式功能，并使用表达式关联器将此属性关联到同一效果的"距离"属性上，再添加一个估算的比例常数 1.2，在此属性的表达式区域中创建表达式语句：effect("投影 ")("距离 ")*1.2，即可使投影的柔化程度表现出比较真实的变化效果。

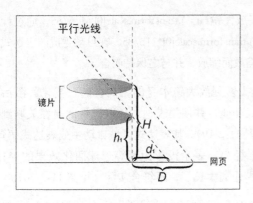
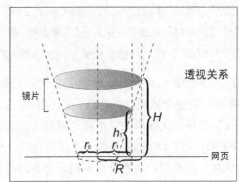

图 11-2-21   图 11-2-22

（7）检查所有的表达式语句（见图 11-2-23）并预览合成，即可完成近乎完美的放大镜效果。

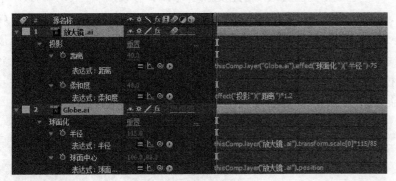

图 11-2-23

渲染与导出 12

学习要点:

· 了解在 After Effects 中进行渲染与导出的相关选项和基本流程
· 熟练使用渲染队列渲染队列面板渲染影片
· 熟练掌握各种视频格式及导出的相关选项
· 了解如何建立并进行网络网络渲染

12.1 渲染与导出的基础知识和基本流程

完成对影片的编辑合成后,可以按照用途或发布媒介,将其导出为不同格式的文件。

12.1.1 渲染与导出概述

渲染就是由合成创建一个影片的帧。渲染一帧相当于利用合成中的所有层、设置和其他信息创建二维合成图像。影片渲染通过逐帧渲染创建影片。

虽然通常所说的渲染好像专注于最终导出,但在素材、层和合成面板中创建预览以显示影片也是一种渲染。实际上,可以保存一个内存预览,将其作为一个影片以及最终的导出。

一个合成被渲染为最终导出后,由于被一个或多个工序处理,使得渲染的帧被封装到一个或多个导出文件中。这种编码渲染帧到文件的进程是一种导出的形式。

💡 一些不涉及渲染的导出仅仅是工作流程中的一个环节,而不是最终导出。例如,可以使用菜单命令"文件 > 导出 >Adobe Premiere Pro 项目",将项目导出为一个 Premiere Pro 的项目,不渲染,而仅保存项目信息。总而言之,通过动态链接转换数据无须渲染。

一个影片可以被导出为一个单独的导出文件(例如 F4V 或 FLV 格式的影片),其中包含所有的渲染帧,或者导出为一个静止图像的帧序列。

在 After Effects 中进行渲染与导出的途径和要素主要包含以下几个方面。

· 渲染队列面板：After Effects 中渲染和导出影片的主要方式就是使用渲染队列面板。在渲染队列面板中，可以一次性管理很多渲染项，每个渲染项都有各自的渲染设置和导出模块设置。渲染设置用于定义导出的帧速率、持续时间、分辨率和层的质量。导出模块设置一般在渲染设置后进行设置，指定导出格式、压缩选项、裁切和嵌入链接等功能。可以将常见的渲染设置和导出模块设置存储为模板，随需调用。

· Adobe Media Encoder：After Effects 可以使用 Adobe Media Encoder 编码多数影片格式。使用菜单命令"文件 > 导出 > 添加到 Adobe Media Encoder 序列"，会自动调用 Adobe Media Encoder。

· 导出菜单：使用菜单命令"文件 > 导出"可以渲染与导出 SWF 文件或 C4D 项目，以用于 Flash Player 或 MAXON CINEMA 4D。然而，一般来讲，更多情况下还是使用渲染队列面板。

12.1.2 导出文件格式概述

After Effects 提供了多种格式和压缩选项用于导出，导出文件的用途决定了格式和压缩选项的设置。例如，如果影片作为最终的播出版本直接面相观众播放，就要考虑媒介的特点，以及文件尺寸和码率方面的局限性。如果影片用于和其他视频编辑系统整合的中间环节，则应该导出与视频编辑系统相匹配的尽量不压缩的格式。

💡 除非特殊说明，所有的影像文件格式均以 8 位 / 通道（bpc）导出。

在具体的文件格式方面，可以导出视频和动画、视频项目、静止图片和图片序列、音频等各种格式。

（1）视频和动画格式如下：

· 3GPP（3GP）

· FLV、F4V

· H.264 和 H.264 蓝光

· MPEG-2

· MPEG-2 DVD

· MPEG-2 蓝光

· MPEG-4

· MXF OP1a

· QuickTime（MOV）

- SWF

- Video for Windows（AVI；仅限 Windows）

- Windows Media（仅限 Windows）

💡 要创建动画 GIF 格式的影片，请首先从 After Effects 渲染和导出 QuickTime 影片。然后将 QuickTime 影片导入 Photoshop Extended，再使用"保存为 Web 及设备所用格式"，将影片导出为动画 GIF 格式。

(2) 视频项目格式如下：

- Adobe Premiere Pro 项目（PRPROJ）

- MAXON CINEMA 4D 项目（C4D）

(3) 静止图片格式如下：

- Adobe Photoshop（PSD；8、16 和 32 bpc）

- 位图（BMP、RLE）

- Cineon（CIN、DPX；转换为 10 bpc 的 16 bpc 和 32 bpc）

- Maya IFF（IFF；16 bpc）

- JPEG（JPG、JPE）

- OpenEXR（EXR）

- PNG（PNG；16 bpc）

- Radiance（HDR、RGBE、XYZE）

- SGI（SGI、BW、RGB、16 bpc）

- Targa（TGA、VBA、ICB、VST）

- TIFF（TIF；8、16 和 32 bpc）

(4) 音频格式如下：

- 音频交换文件格式（AIFF）

- MP3

- WAV

12.1.3　使用渲染队列面板渲染导出影片

使用渲染队列面板可以将影片按需求导出为多种格式，以满足各种发布媒介和观看的需求。本小节将通过实际操作，讲解使用渲染队列面板渲染影片的基本流程和方法。

（1）在项目面板中选择欲导出为影片的合成，使用如下方法将合成添加到渲染队列调板中。

· 使用菜单命令"合成 > 添加到渲染队列"。

· 将合成拖曳到渲染队列面板中。

💡 将素材从项目面板拖曳到渲染队列面板中，可以根据素材创建新的合成，并直接将合成添加到渲染队列面板中，这为视频格式转换提供了一种方便的方法。

（2）在渲染队列面板中，单击导出到后面的三角形按钮，为导出文件选择一种命名规则（见图 12-1-1）。单击右侧带下划线的文字，在弹出的"导出到"对话框中选择欲保存的磁盘空间，并可以重新输入文件名（见图 12-1-2）。设置完毕后，单击"保存"按钮。

（3）在渲染队列面板中，单击渲染设置后面的三角形按钮，选择一个渲染设置模板。或者单击右侧带下划线的文字，在弹出的"渲染设置"对话框中进行自定义设置（见图 12-1-3）。

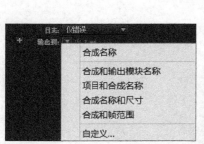

图 12-1-1

图 12-1-2

（4）在日志下拉列表框中，选择一种日志记录方式。如果生成了日志文件，其路径会显示在渲染设置标题和日志下拉列表框下面。

（5）在渲染队列面板中，单击导出模块后面的三角形按钮，选择一种导出模块设置模板。或者单击右侧带下划线的文字，在弹出的"导出模块设置"对话框中进行自定义设置（见图 12-1-4）。

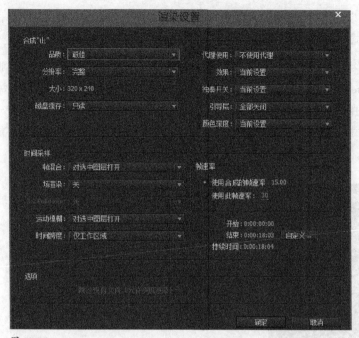

图 12-1-3

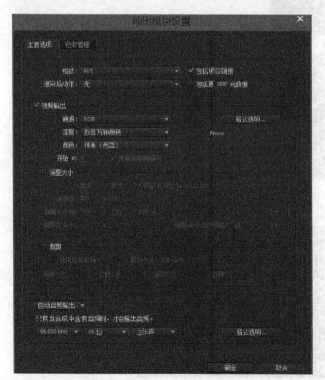

图 12-1-4

（6）使用导出模块设置可以设定导出影片的文件格式。某些情况下，选择某种格式后，单击后面的格式选项按钮，会弹出格式设置对话框，以进行特定的格式设置（见图 12-1-5）。

（7）将要导出的合成或素材添加到渲染队列中，并进行设置。可以使用鼠标拖曳的方法，调整渲染队列的顺序，或按"Delete"键删除队列中不需要的导出项目。调整完毕，单击"渲染"按钮，将按照队列顺序和设置对队列中的影片项目进行导出（见图 12-1-6）。将合成渲染为影片会花费一定的时间，这取决于合成的帧尺寸、品质、复杂程度和压缩算法。当 After Effects 导出项目时，不能在项目中进行操作。渲染结束后，会有一个音频提示。

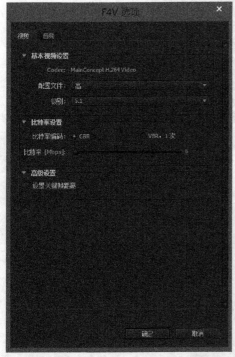

图 12-1-5

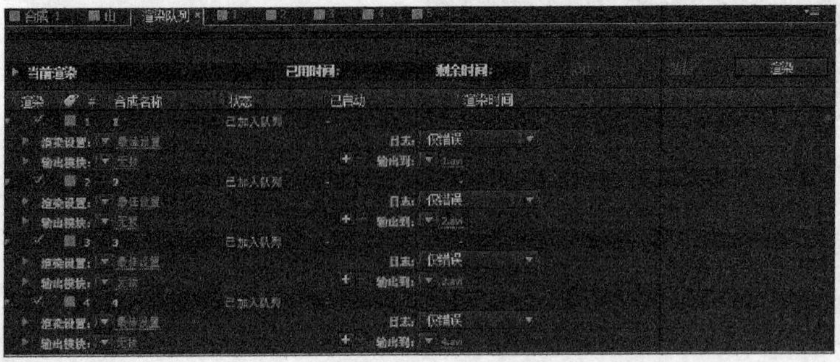

图 12-1-6

12.1.4　文件打包

收集文件命令用于收集项目或合成中所有文件的副本到一个指定的位置。在渲染之前使用这个命令，可以有效地保存或移动项目到其他计算机系统或用户。

当使用收集文件命令时，After Effects 会创建一个新的文件夹，以保存新的项目副本、素材副本和指定代理文件的副本，以及描述所需文件、效果和字体的报告。

文件打包后，可以继续更改项目，但是这些修改存储在源项目中，而不是打包的版本中。

（1）选择菜单命令"文件 > 整理工程（文件）> 收集文件"，弹出"收集文件"对话框（见图 12-1-7）。

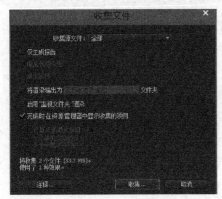

图 12-1-7

（2）在"收集文件"对话框中，可以为"收集源文件"选项设置一种恰当的方式。

· 全部：收集所有的素材文件，包含没有用到的素材和代理素材。

· 对于所有合成：收集项目中任意合成的所有素材文件和代理素材。

· 对于选定合成：收集当前在项目面板中所选合成的所有素材文件和代理素材。

· 对于队列合成：收集当前在渲染队列面板中任意合成的所有素材文件和代理素材。

· 无（仅项目）：复制项目到一个新的位置，而不收集任何源素材。

（3）随需要设置其他选项。

· 仅生成报告：选择该选项不复制文件和代理。

· 服从代理设置：当合成中包含代理素材时，使用该选项可以设置副本是否包含当前的代理设置。如果该选项被选中，只有合成中用到的文件被复制。如果该选项没有被选中，则副本包含代理素材和源文件，可以在打包后的版本中更改代理设置。

· 减少项目：当"收集源文件"选项设置为"对于所有合成"、"对于选定合成"和"对于队列合成"时，从收集的文件中移除所有没有用到的素材项目与合成。

· 将渲染导出为 _ 文件夹：重新定向导出模块，以渲染文件到收集文件夹中的一个命名的文件夹中。该选项确保在另一台计算机上可以使用渲染后的文件。

· 启用"监视文件夹"渲染：可以使用"收集文件"命令以保存项目到指定的文件夹，然后通过网络进行文件夹渲染。After Effects 和任何安装的渲染引擎可以通过网络一起渲染项目。

（4）单击"注释"按钮，输入标注（见图 12-1-8），然后单击"确定"按钮，将信息添加到生成的报告中。

（5）单击"收集"按钮，为文件夹命名并指定打包文件存储的磁盘空间（见图 12-1-9）。

一旦开始打包，After Effects 会创建文件夹并复制指定的文件到其中。文件夹的层级保持为项目中素材的层级。其中包含一个素材文件夹，可能还包含一个导出文件夹。

图 12-1-8

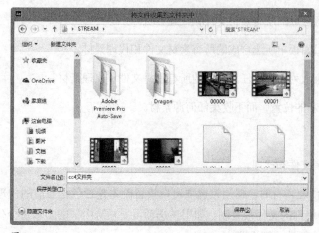

图 12-1-9

12.2 导出到 Flash

可以从 After Effects 中渲染并导出影片，然后在 Adobe Flash Player 中进行播放。SWF 文件可以在 Flash Player 中进行播放，但 FLV 和 F4V 文件必须封装或连接到一个 SWF 文件中，才可以在 Flash Player 中进行播放。

12.2.1 与 Flash 相关的导出格式

After Effects 可以导出多种与 Flash 相关的格式，分别如下。

· SWF：SWF 文件是在 Flash Player 上播放的小型文件，经常被用来通过 Internet 分发矢量动画、音频和其他数据类型。SWF 文件也允许观众进行互动，例如单击网络链接、控制动画或为富媒体网络程序提供入口。SWF 文件一般是由 FLA 文件导出生成的。

· FLV 和 F4V：FLV 和 F4V 文件仅包含基于像素的视频，没有矢量图，并且无法交互。FLA 文件可以包含并且指定 FLV 和 F4V 文件，以嵌入或链接到 SWF 文件中，并在 Flash Player 中进行播放。

12.2.2 渲染导出合成为 SWF 文件

SWF 文件是一种由 FLA 文件导出生成的，在 Flash Player 中进行播放的矢量动画文件。

当渲染导出一个影片为一个 SWF 文件时，After Effects 会尽可能保持矢量图形的矢量特性。然而，栅格化的图像、混合模式、运动模糊、一些效果和嵌套合成中不能在 SWF 文件中作为矢量元素的内容，将被栅格化。

可以选择忽略不支持项，使 SWF 文件仅包含可以被转化为 SWF 元素的 After Effects 属性；或者可以选择栅格化帧，使包含不支持属性的部分以 JPEG 压缩位图的形式被添加到 SWF 文件中，这样可以有效减小 SWF 文件的尺寸。音频被编码为 MP3 格式，并添加到 SWF 文件中作为音频流。

（1）选择欲导出的合成，使用菜单命令"文件 > 导出 > Adobe Flash Player（SWF）"。

（2）在"另存为"对话框中输入文件名，选择存储的磁盘空间，单击"保存"按钮。

（3）在弹出的"SWF 设置"对话框中（见图 12-2-1），对 SWF 文件格式的导出属性进行设置。

· JPEG 品质：设置栅格化图像的质量，质量越高，文件越大。如果选择"栅格化功能不受支持"，则 JPEG 品质设置应用于所有导出到 SWF 中的 JPEG 压缩的位图，包含从合成帧或 Adobe Illustrator 文件中生成的位图。

· 功能不受支持：设置是否栅格化 SWF 文件格式所不支持的属性。选择"忽略"以排除不支持的属性，或者选择"栅格化"以渲染包含不支持属性的所有帧为 JPEG 压缩的位图，并导出到 SWF 文件中。

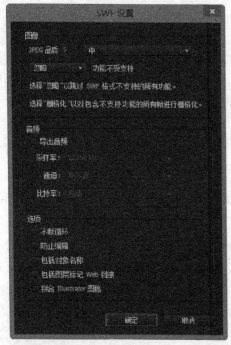

图 12-2-1

· 音频的比特率：选择"自动"可以获得指定采样率和声道数所支持的最低的比特率。比特率越高，文件越大。SWF 文件中的音频是 MP3 格式的。

· 不断循环：设置导出的 SWF 文件在回放的时候是否连续循环。如果想用 HTML 代码来控制 Flash Player 的循环，则不选择此项。

· 防止编辑：创建一个数字图像和视频编辑程序所不能编辑的 SWF 文件。

· 包括对象名称：包含文件中的层、遮罩和效果名，用来导入 ActionScript 程序。勾选该项后会增加文件尺寸。栅格化对象不命名。

· 拼合 Illustrator 图稿：将所有重叠的对象分成不重叠的部分。选择该选项后，导出前不需要转化 Illustrator 文字为外框。该选项仅支持 Illustrator 9.0 及以后版本的源文件。

· 包括图层标记 Web链接：将层标记作为网络链接。该选项使用层标记中的信息为 SWF 文件添加网络链接和一个获取 URL 的动作。该选项还为每个具有层标记的 SWF 帧添加一个帧标签。

（4）设置完毕，单击"确定"按钮，进行导出。

12.2.3　渲染导出合成为 FLV 或 F4V 文件

FLV 和 F4V 文件仅包含基于像素的视频，没有矢量图形，也没有交互性。

FLV 和 F4V 格式是封装格式，与一组视频和音频格式相关联。FLV 文件通常包含基于 On2 VP6 或 Sorenson Spark 编码的视频数据和基于 MP3 音频编码的音频数据。F4V 文件通常包含基于 H.264 视频编码的视频数据和基于 AAC 音频编码的音频数据。

可以通过多种不同的方式在 FLV 或 F4V 封装文件中播放影片，包括如下方式。

· 将文件导入到 Flash Professional 创作软件中，将视频发布为 SWF 格式。

· 在 Adobe Media Player 中播放影片。

· 在 Adobe Bridge 中预览影片。

♀ After Effects 的标记可以被 FLV 或 F4V 文件作为提示点包含在其中。

像其他格式一样，可以使用渲染队列面板渲染导出影片为 FLV 或 F4V 封装格式。

12.3　其他渲染导出的方式

除了使用渲染队列面板或导出菜单命令进行渲染导出外，还有一些特殊的情况需要特殊的渲染导出的方式，比如导出为分层图像、项目文件或进行网络渲染等。

12.3.1　将帧导出为 Photoshop 层

可以将合成中的一个单帧导出为一个分层的 Adobe Photoshop（PSD）图像或渲染后的图像，这样可以在 Photoshop 中编辑文件，为 Adobe Encore 准备文件，创建一个代理，或导出影片的一个图像作为海报或故事板。

保存为 Photoshop 层的命令可以从一个 After Effects 合成中的单帧，保持所有的层到最终的 Photoshop 文件中。嵌套合成被转化为图层组，最多支持 5 级嵌套结构。PSD 文件继承 After Effects 项目的色彩位深度。

此外，分层的 Photoshop 文件包含所有层合成的一个嵌入的合成图像。该功能确保文件可以兼容不支持 Photoshop 层的软件，这样可以显示合成图像，而忽略层。

从 After Effects 保存一个分层的 Photoshop 文件看上去可能和 After Effects 中的帧会略有区别，因为有些 After Effects 中的功能，Photoshop 并不支持。这时，可以使用菜单命令"合成 > 帧另存为 > 文件"，导出一个拼合层版本的 PSD 文件。

可以按照如下步骤，将帧导出为图片或 Photoshop 层。

（1）选择欲导出的帧，在合成面板中显示。

（2）根据情况，选择如下操作。

· 使用菜单命令"合成 > 帧另存为 > 文件",可以渲染单帧。在渲染队列面板中随需调整设置,并单击"渲染"按钮进行导出。

· 使用菜单命令"合成 > 帧另存为 > Photoshop 图层",可以导出单帧为分层的 Adobe Photoshop 文件。

12.3.2 导出为 Premiere Pro 项目

无须渲染,可以将 After Effects 项目导出为 Premiere Pro 项目。

💡 由 After Effects 项目导出而成的 Premiere Pro 项目,并不能被所有版本的 Premiere Pro 打开。

当导出一个 After Effects 项目为一个 Premiere Pro 项目时,Premiere Pro 使用 After Effects 项目中第一个合成的设置作为所有序列的设置。将一个 After Effects 层粘贴到 Premiere Pro 序列中时,关键帧、效果和其他属性以同样的方式被转化。

按照如下步骤,可以将 After Effects 项目导出为 Premiere Pro 项目。

(1) 使用菜单命令"文件 > 导出 > Adobe Premiere Pro 项目",弹出"导出为 Adobe Premiere Pro 项目"对话框。

(2) 在"导出为 Adobe Premiere Pro 项目"对话框中为项目设置文件名和存储的磁盘空间(见图 12-3-1),然后单击"保存"按钮,完成导出。

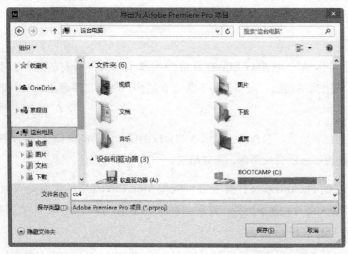

图 12-3-1

💡 除了导出项目以外,还可以导入 Premiere Pro 的项目和序列到 After Effects 中,在 After Effects 和 Premiere Pro 之间复制、粘贴素材,还可以使用 Dynamic Link 功能,在 After Effects 和 Premiere Pro

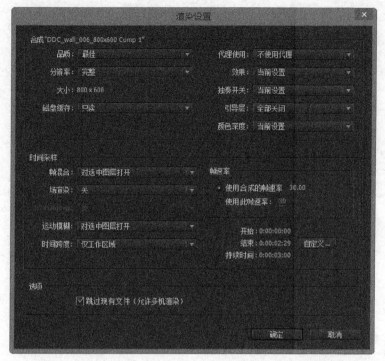

图 12-3-6

图 12-3-7